普通高等教育电子信息类规划教材

电路基础实验

龚　晶　孙梯全
卢　娟　许凤慧　娄朴根　编著
刘舒帆　主审

机械工业出版社

本书共分为4章：第1章主要介绍了电路基础实验的基础知识；第2章介绍了6种电路基础常用仪器的原理与使用；第3章设计了12个电路基础的基本实验；第4章安排了5个设计性实验。

本书适合高等院校通信、电子信息类、计算机类相关专业师生使用，建议学时数为20～30学时。

图书在版编目（CIP）数据

电路基础实验/龚晶等编著．—北京：机械工业出版社，2017.1
普通高等教育电子信息类规划教材
ISBN 978-7-111-55812-5

Ⅰ．①电…　Ⅱ．①龚…　Ⅲ．①电路－实验－高等学校－教材
Ⅳ．①TM13－33

中国版本图书馆CIP数据核字（2016）第323556号

机械工业出版社（北京市百万庄大街22号　邮政编码100037）
策划编辑：李馨馨
责任编辑：李馨馨　　责任校对：张艳霞
封面设计：鞠　杨　　责任印制：李　洋
北京京师印务有限公司印刷

2017年1月第1版·第1次印刷
184mm×260mm·9.5印张·223千字
0001－2500册
标准书号：ISBN 978-7-111-55812-5
定价：29.80元

凡购本书，如有缺页、倒页、脱页，由本社发行部调换

电话服务
服务咨询热线：(010)88379833
读者购书热线：(010)88379649

网络服务
机工官网：www.cmpbook.com
机工官博：weibo.com/cmp1952
教育服务网：www.cmpedu.com
金书网：www.golden-book.com

前　　言

电路基础实验是通信、电子类以及相关专业的必修课程。该实践课程以电路分析基础理论课程为依据编排内容，以培养学生掌握基本的电子测量技术，提高学生的实际动手能力，启迪学生的创新思维为教学目的。

全书共分为4章，能够满足20~30学时的电路基础实验教学的要求。书中“*”代表选做与选学内容。

第1章主要介绍了电路基础实验中的基础知识。包括课程开设的目的要求；测量误差与数据处理；实验常见故障及排除方法；常用元器件的识别与检测；Multisim在电路基础实验中的应用等部分。通过本章的学习，学生可以学会正确地处理测量数据、正确地选择和检测元件，初步学会使用Multisim电子设计仿真软件的方法，建立测量的概念。

第2章介绍了6种电路基础常用仪器的原理与使用。包括万用电表、直流稳压电源、函数信号发生器、交流电压表、双踪示波器、选频电平表。对每一种仪器都进行了典型型号的重点分析，不但有利于学生掌握基本的电子测量仪器，而且有利于加深对电路基础理论在仪器中实际应用的理解。

第3章介绍了12个电路基础的基本实验。这些实验涵盖了电路基础课程中的经典教学内容，可以作为理论教学的有力支撑。对每个实验的基本原理都进行了简明扼要的介绍，而且很多实验中都包括Multisim仿真分析部分的内容，教师可根据实际情况自行选择。如果学时有限，建议教师演示仿真分析部分，并鼓励学生利用仿真软件边学边做，完成有关理论值的计算。

第4章介绍了5个设计性实验。通过这些实验的训练，学生可以深入理解仪表的使用原理和电路基础知识在工程实践中的应用，增强学生自主创新的意识，有助于他们开拓思路，勇于实践，提高认识问题和解决问题的能力，更好地理解和掌握电路基础的相关理论。

本书最大的特点是在以实际操作为主、扎实完成基本训练的基础上，把Multisim仿真引入电路基础实验中，使学生既能通过基本实验掌握电子测量的基本技能，又能利用仿真软件完成实验的设计计算。在仿真与实测的对比中发现“理论与实际”的差别，从而培养学生的工程意识。

本书由龚晶、孙梯全、卢娟、许凤慧、娄朴根编写。刘舒帆、陆辉、赵红对本书的编写给予了大力支持，提出了很多宝贵意见，在此致以衷心的感谢。

由于编者水平有限，书中难免存在错误和不足之处，敬请读者批评指正。

编　者

目　录

第1章　基础知识

知识有两种，一种是理论知识，一种是实践知识。作为一名信息化条件下联合作战的初级指挥人才，在信息技术方面，不仅要有深厚扎实的理论基础，而且要有一定的实际动手能力，以及踏踏实实从事科学实验的优良作风。为此，必须通过实验逐步训练，在学习知识、提高技能的同时，培养分析问题和解决问题的能力。

1.1　课程目的与要求

1.1.1　课程目的

实验是一种实践的过程。在这一过程中应逐步树立实事求是的科学态度，严禁弄虚作假或照抄别人的实验结果，要以可靠的测试数据、形象的特性曲线、完善的结果分析等来描述实验的收获。

电路基础实验是一门专业基础实验课程，课程目的如下：

1）学习电路基础实验及电子测量方面的基本知识。

2）掌握电路基础常用仪表的使用方法、测量技术及实验技能。

3）通过实验，巩固和加深对电路基础课程中重要理论的理解。

4）培养理论联系实际的学风、严肃认真的科学态度和良好的机务作风。

通过实验，学生在实际技能方面应能达到：

1）基本掌握万用表、双踪示波器、选频电平表的使用方法，正确使用信号发生器、直流稳压电源、交流毫伏表等常用仪器。

2）按电路图正确连接实际电路、合理布线。

3）正确读取实验数据、书写实验报告和分析实验结果。

1.1.2　课程要求

为了达到教学目的，学生必须按照一定的程序及要求完成每一个实验的各个过程。实验教学共分三个阶段：

1. 课前预习

预习是顺利进行实验的重要保证，每一个学生在实验前必须做到：

1）弄懂本次实验目的、实验原理、实验内容以及所涉及的知识点。

2）了解有关实验仪器的基本使用方法和注意事项。

3）根据实验任务预先完成理论数据的计算，定性地画出有关曲线，阅读“实验预习”，对实验预习思考题进行准备。

2. 进行实验

1）实验按指定编组进行。

2）实验开始前，首先按教材中的实验设备清单清点仪器、设备及元器件。如有短缺或损坏，应及时报告教员，不得擅自处理。

3）实验过程中，要正确放置仪器设备，合理布局，连接实验电路，以便观察、调试、读取实验数据。

4）正确读取数据。测试时，对仪表指针介于两刻度之间的数值，应根据指针位置进行估读，通常测量数据应尽量保留三位有效数字。实验数据应如实记录在事先准备好的表格中，零乱、无序的记录常会造成错误，原始数据不经再次测试，不应随意修改。

5）测试完毕，应认真检查实验数据，确认数据基本合理和无遗漏时，交教师审阅后方可拆除电路。

6）实验完毕，应按仪器、仪表操作规程的要求，将有关旋钮放置在规定的位置，整理好器材、连接导线等，经教师允许方可离开实验室。

7）注意实验安全。

- 实验操作者应养成不徒手触及任何带电部分，不带电改接线路的习惯。
- 实验操作过程中，无论发生任何断路、短路、异味、火险，均应果断切断电源，及时排除故障和险情，以保证人身及设备的安全。
- 应事先了解各种仪表的使用场合、环境条件、测量范围，以及各种元器件的额定值。

3. 完成实验报告

实验报告应是在整理实验数据的基础上，结合理论进行总结、分析后写出。实验报告内容应包括：

1）实验人姓名、队别、桌号、学号和实验日期。

2）实验名称、实验目的和基本内容。

3）实验主要仪器和器材。

4）主要实验电路图及参数。

5）经过整理的实验数据及表格、必要的设计计算、实验曲线、图形、理论分析及结论。

6）思考题解答。

7）心得体会。

1.1.3 实验课成绩评定

实验课成绩由平时成绩和考查成绩综合评定。

平时成绩由每次实验预习、实验过程和实验报告的情况综合评定。因故缺课的学员应主动与教师联系补课。

实验课程结束时组织实验理论和实际操作情况的考查，评定实验考查成绩。

1.2 电子测量及误差

1.2.1 电子测量

测量是人类对客观事物取得数量观念的认识过程。为获取各种有关信息在测量中采用的一系列方法及手段称为测量技术。在这个认识过程中，如果利用电子技术来取得客观事物的数量观念，则称为电子测量。

在测量中我们获取的信息通常为两种。一种是必需的或者是本就期望得到的；一种是隐含在当前获取到的信息中，尚需进一步处理及提取的。

测量的原理在于比较，即将被测量与相同性质的标准量进行比较，以获取两者之间的数量关系。

1. 单位制

目前，我国均采用国际单位制。表 1-1 列出了电路分析中常用的国际制单位。

在实际应用中，有时感到这些单位太小或太大，便在这些单位上加上表 1-2 所示词头，用于表示这些单位被一个以 10 为底的正次幂或负次幂相乘后所得的词头。

表 1-1　电路分析中常用的国际制单位

物理量名称	单位名称	代号	
		单位简称	单位符号
电流	安培	安	A
电压	伏特	伏	V
功率	瓦特	瓦	W
频率	赫兹	赫	Hz
电阻	欧姆	欧	Ω
电感	亨利	亨	H
电容	法拉	法	F
时间	秒	秒	s

表 1-2　常用词头

词头名称	代号		因数
	词头简称	词头符号	
吉咖（giga）	吉	G	10^9
兆（mega）	兆	M	10^6
千（kilo）	千	k	10^3
毫（milli）	毫	m	10^{-3}
微（micro）	微	μ	10^{-6}
纳诺（nano）	纳	n	10^{-9}
皮可（pico）	皮	p	10^{-12}

2. 电子测量的基本内容

电路基础实验所要测量的基本量包括：

1）与电能有关的电量，如电压、电流、电功率。

2）电路参数，如电阻、电感、电容、品质因数等。

3）电信号的特性，如信号的波形、周期、频率、相位、频谱等。

4）电路的特性，如电路的频率特性、暂态特性等。

3. 测量误差

被测量的真实数值叫真值。测量结果和被测量真值的差别叫测量误差。

测量误差按表示方法分为绝对误差和相对误差。按误差的性质特点分为系统误差、随机误差和粗大误差。

(1) 绝对误差

定义式

$$\Delta X = X - A_0$$

式中　ΔX——绝对误差；

X——被测量的仪表指示值；

A_0——真值。

真值：被测量的真值虽然是客观存在的，但是一般无法确切地给出。为了解决实际中的计算问题，下述一些值可以近似是真值。

1）理论真值。如等边三角形中的一个角是60°就是真值。

2）指定真值（约定真值）。指定真值常指计量学方面的“基准”或“标准”。它代表了当代国家技术的标准值。

3）实际值。它是指在一般性测量中，由更高一级标准仪表所测量的值，称为实际值，用字母 A 表示并代替真值 A_0，则绝对误差可表示为

$$\Delta X = X - A$$

式中，$A \neq A_0$。但一般更高一级的仪表的误差与当前使用测量仪表的误差之比，若小于1/3 ~ 1/20，就可认为其为真值。

绝对误差有数值大小、符号、单位，它不能正确反映测量的精确度。

（2）相对误差

1）实际相对误差 γ_α

$$\gamma_\alpha = (\Delta X / A) \times 100\%$$

2）示值相对误差 γ_x，即绝对误差与仪器测量的指示值之比，用百分数表示为

$$\gamma_x = (\Delta X / X) \times 100\%$$

3）满度相对误差 γ_m，即绝对误差 ΔX 和仪表满度值 X_m 之比，用百分数表示为

$$\gamma_m = (\Delta X / X_m) \times 100\%$$

常用电工仪表的等级就是按 γ_m 分级的。应该指出的是，使用电工仪表测量电流、电压时，应使指针尽可能接近于满偏转（满刻度的2/3以上）。而使用万用表欧姆档测试电阻时，则应使指针尽可能接近于该档中心刻度线，以使测量误差尽可能小。

（3）系统误差

系统误差是按误差的特点分类的一种误差。它是指在测量过程中，误差的数值恒定不变或遵循一定规律而变化的误差。

1）恒定系差。如1 Ω标准电阻实际值为0.99 Ω，这0.01 Ω差值为恒差。

2）变值系差。它主要分累进性系统误差（即表现为误差为逐次递增或递减）、周期性系统误差和其他按复杂规律变化的误差。

（4）随机误差

随机误差也称偶然误差，也是按误差特点分类的一种误差。它是指在单次测量中，误差可大、可小，可正、可负，但多次测量，其平均值趋于零的误差。

随机误差的特征是：

1）有界性：多次测量，随机误差的绝对值不会超过一定的界限。

2）单峰性：绝对值小的误差出现的机会比绝对值大的误差出现的机会多。

3）对称性：它表现为绝对值相等的正负误差出现的机会是均等的。

4）抵偿性：随机误差就个体来说是无规律的，但从整体来说服从统计规律。它的算术平均值随着测量次数的无限增多而趋近于零。

（5）粗大误差

粗大误差也是按误差特点分类的一种误差。它是指明显歪曲测量结果的误差，是应当尽量避免的。

1.2.2 测量数据的处理

1. 测试技术中常用的两个术语

1）准确度。指测量结果与被测量真值的接近程度。反映了系统误差的影响程度。

2）精密度。指在重复测量同一系统中所得结果相互一致的程度。它反映了随机误差的影响程度。

2. 测量数据的读数

测量数据的读数应注意以下几点：

1）仪表应先进行预热和调零。

2）选择合适的仪表，同时合理选择仪表的量程。

3）注意读取数据的正确姿势。

4）当仪表指针与刻度线不重合时，应凭目测估读一位欠准数字。

3. 有效数字

（1）简单概念

如用100 mA量程的电流表测量某支路中的电流，读数为78.4 mA，则前面两个数“78”是准确的、可靠的读数，称“可靠数字”；而最后一个数字“4”是估读的，称“欠准数字”，两者合起来称“有效数字”。它的有效数字为三位，如果对其运算，其结果也只应保留三位有效数字。

（2）有效数字的正确表示

当按照测试要求确定了有效数字的位数后，每一测量数据只应有一位欠准数字，即最后一位是欠准数字，而它前面的各位数字必须是准确的“可靠数字”。

只与计量单位有关的“0”不计入有效数字。如184 mA可写成0.184 A，两种写法的有效数字都是三位。

小数点后的“0”不能随意省略。例如某电阻值15.00 Ω和15 Ω两种写法差别极大。前者15.00 Ω中，表示小数点后第二位“0”是欠准数字，而后者15 Ω中，其个位“5”就是欠准数字，它可能是14 Ω或16 Ω。

当数字很大时，“0”也不能随意取舍。

（3）四舍五入化整规则

测量技术中，当将有效数字修约时，应遵守规定“小于5舍，大于5入，等于5取偶。”

例如对下列数字取三位有效数字：

18.23→18.2（第四位数字小于5，舍去。）

18.28→18.3（第四位数字大于5，入。）

18.25→18.2（第四位数字等于5，舍去，因第三位数字为偶。）

18.15→18.2（第四位数字等于5，入，因第三位数字为奇，应取偶。）

（4）有效数字的运算法则

相加减的数字中，如有小数，则以小数点后面位数最少的那个数为标准，将其他数进行修约，使其他数的小数点后的位数仅比它多保留一位，计算结果也以它为标准相修约。

如三数相加：222.1 + 0.777 + 2.34 = ?

修约后应为：222.1 + 0.78 + 2.34 = (225.22) = 225.2

有效数字相乘应注意到乘积的误差总是大于任何一个乘数的误差。当几个数相乘时，应以其中有效数字最小的那个数为标准，对其他数进行修约，修约到比该数多一位有效数字，然后再进行运算。计算结果的有效数字的位数应与作为标准的那个数的位数相一致。

如：8.5 × 10.3 × 102.4 = ?

这时以 8.5 为标准对其余两数进行修约后为：8.5 × 10.3 × 102
计算结果为 8930.10，则根据上述法则，其结果应为 8900。

4. 曲线修匀

所谓曲线修匀就是对测量过程中所获取的数据点进行的一种图解处理方法。在许多测量中，测量的目的不单单是为获得一个或几个量值，而是要在测量数据的基础上得到某些量之间的关系曲线。由于实际测量中存在着误差，且有限次的测量所得到的数据只是关系曲线上的一些离散点，简单地将这些离散点连成一条折线是不行的，必须对此进行一定的处理即对曲线进行修匀。修匀中应注意以下事项：

1）以被测量及相关量为坐标变量，选取合适的坐标系，常用的为直角坐标系。当变量变化范围很宽时，常采用对数坐标。

2）测量的数据点必须足够。曲线的线性段数据可适当少，但非线性段测量数据点又应足够多。

3）纵、横坐标分度比例可以不同，但比例分度要适当，一般应与测量的精确度相适应。

4）绘制曲线应是靠近数据点的一条光滑而无斜率突变的曲线。有时可采用数据分组的办法，取各组几何重心连接成的平滑曲线。

1.2.3 测量方法及测量仪器简述

1. 测量方法

一个物理量的测量可以通过不同的方法来实现。在测试方案确定之后，选择合理的测量方法就是至关重要的了。我们可以选择直接测量法，也可采用间接测量法或是两者的组合。我们可以根据读取数据的方式不同选择直读测量或比较测量，也可根据条件选择自动或非自动测量。另外也可根据被测量的性质选择时域、频域、数字域的测量。

下面就本课程实验涉及的一些方法做简单介绍。

（1）直接测量

它是指使用预先按已知标准定度的电工仪表或电子仪器对被测量直接进行的测量。如电压表测某元件两端的电压，电流表测某支路的电流。

（2）间接测量

它是指利用当前直接测试的量与被测量之间的已知函数关系或某种约定关系所进行的测量。如测量电阻元件消耗的功率，可通过测量其端电压及其流过它的电流来测定元件消耗的功率。

（3）组合测量

兼用直接测量和间接测量的方法就是组合测量。

(4) 直读测量

直接从仪表、仪器刻度上读取测量结果称之为直读式测量。

(5) 比较测量

通过被测量与标准量进行比较后而获得测量结果称之为比较测量。如常见的电桥测量。

2. 测量仪器

测量仪器是指将被测量转换成可供直接观察或记录量值的装置。电路基础实验常用的测量仪器分为电工测量仪表和电子测量仪表两大类。

(1) 电工测量仪表

习惯上把应用电和磁的基本规律制作的用于测量基本电磁量如电流、电压、功率、电阻、电容、电感、磁通等的仪表称为电工测量仪表。电工测量仪表分为直读式和较量式两类。

(2) 电子测量仪表

电子测量仪表是指用各种电子元器件为核心制作的测量仪器。

与电工测量仪表相比，电子测量仪器可以确定的电参量丰富得多；可测电量的幅度范围广（如电压可从微伏级到几十千伏）；可测量的频率范围大（从直流到几百千兆赫）；可测波形多种多样（如正弦波、方波、脉冲波、三角波、调幅波、调频波）；其测量准确度较高，并利于远距离测量。

电子测量仪器种类繁多，常见的分类有：

1）按功能分类，可分为供给量仪器（如直流电源、信号发生器等）和测量仪器。测量仪器又分为电压测量仪（如电压表、万用表、毫伏表等）、时间频率测量仪器、信号波形测量仪、信号频谱测量仪等。

2）按工作频段分类，可分为低频、高频、超高频等。

3）按仪表的工作原理分类，有模拟式和数字式两大类。

1.3 实验常见故障及排除方法

实验中常常会出现一些故障，应冷静分析，找出故障的原因，排除故障。

1.3.1 实验常见故障

常见的实验故障大致分为以下三类：

1. 开路故障

开路故障表现为电路无电压、电流，仪表无指示等。

2. 短路故障

短路故障表现为电路中电流、电压急剧增大，电路跳火花，熔丝熔断，元件冒烟有焦味等。

3. 其他故障

其他故障可能是由于元件性能不佳或老化、电路接触不良或仪器设备工作不正常等造成的，表现为测试数据与理论数据相差甚远。

1.3.2 排除方法

排除故障的方法很多，对于电路实验中的故障，一般采取以下方法检查排除。

1. 断电检查法

排除对仪器和实验装置有破坏性的严重故障时（一般为短路故障），首先应立即关掉电源，待通过断电检查法排除了故障后，方能加电实验。

断电检查法通常采用断电观察和测量电阻两种方法。

(1) 断电观察法

对于实验装置中严重的故障如电阻、变压器烧坏，电容炸裂，电表表针打弯等，其迹象比较明显，通过观察，往往能很快发现故障点，迅速排除。但是必须注意，在修理这类故障时，不能只简单地更换已损坏的元器件，应当对照电路图认真分析元器件损坏的原因及其可能波及的范围，查出导致故障的真正原因，并找出其他连带损坏的器件。否则，真正的故障原因没有找到，一旦加电，更换的器件又会损坏。

(2) 测量电阻法

可以按照实验电路图，利用万用表的电阻档逐个测量有关的元器件是否损坏、接插件接触是否良好、连接导线是否断线、电路中有无开短路等。如果发现某处的阻值与理论值偏差较大，即可由此入手，进一步检查分析，直至找到故障点。

2. 加电检查法

有些故障的检查，往往需要在一定工作条件下（如加一定的电压、输入一定的信号等）才能进行，即需要加电检查。加电检查的方法很多，这里仅介绍实验中常用的三种方法。

(1) 测量电压法

利用万用电表的电压档，根据实验电路图，按照先电源、后一般电路的顺序测量各点的电压，由测量出的电压数据正常与否，判断故障点。为了更准确地判断故障点，对用电压表测出的情况，还可断电用电阻表再校验一下。

(2) 信号寻迹法

使用适当频率和振幅的信号源作为测试信号，加在实验装置的输入端，然后利用示波器，由信号的输入端开始，从前至后，逐点观测其波形和幅度是否正常，最终找出故障点。

(3) 替代法

用完好的元器件、仪器、实验装置、连接导线，逐一替换被怀疑有故障的部件，直至找到真正的故障部件。需注意：更换的部件必须与保持正常工作时的部件型号一致或技术指标相同。

1.4 常用元件

1.4.1 电阻

电阻（Resistor）是电阻器的简称。在电路中起限流、分流、降电压、分电压及阻抗匹配等作用，还经常与电容配合做成滤波器，是电气设备中的常用元件之一。

1. 电阻的种类

电阻的种类繁多，按其材料不同，可以分为膜式电阻、线绕电阻、片式电阻等。按其结构可以分为固定电阻、可变电阻和敏感电阻。本节主要介绍固定电阻。

1）碳膜电阻：是由碳沉积在瓷质基体上制成的，通过改变碳膜的厚度或长度得到不同的电阻值，如图 1-1a 所示。其特点是价格低，高频特性好，但精度较差。

2）金属膜电阻：是用镍铬或类似的合金真空电镀技术，着膜于白瓷棒表面，经过切割以得到不同的电阻值，如图 1-1b 所示。其特点是阻值范围宽，噪声小，精度高，但功率较小。

3）线绕电阻：是用康铜丝或锰铜丝缠绕在绝缘骨架上制成的，如图 1-1c 所示。其特点是耐高温、噪声小、功率大。但体积大、高频特性差。

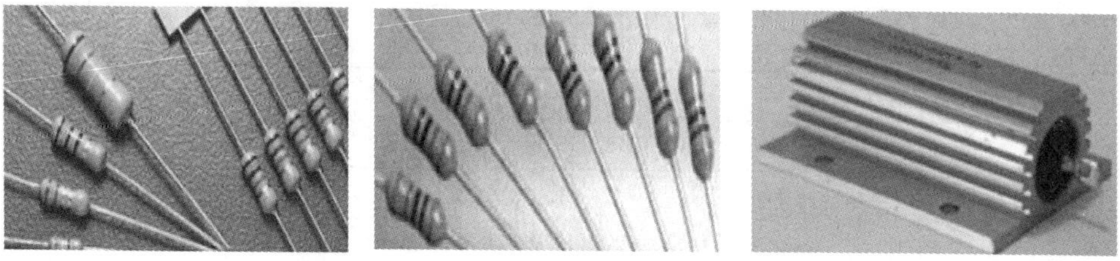

a)　　b)　　c)

图 1-1　碳膜电阻、金属膜电阻、大功率铝壳线绕电阻

4）片式电阻：俗称贴片电阻，是一种无引线元件，如图 1-2a 所示。目前应用较多的是厚膜片状电阻。

5）熔断电阻：熔断电阻在正常情况下具有普通电阻的功能，一旦电路出现故障，超过其额定功率时，它会在规定时间内断开电路，从而达到保护其他元器件的作用。熔断电阻分为不可修复型和可修复型两种，如图 1-2b、c 所示。

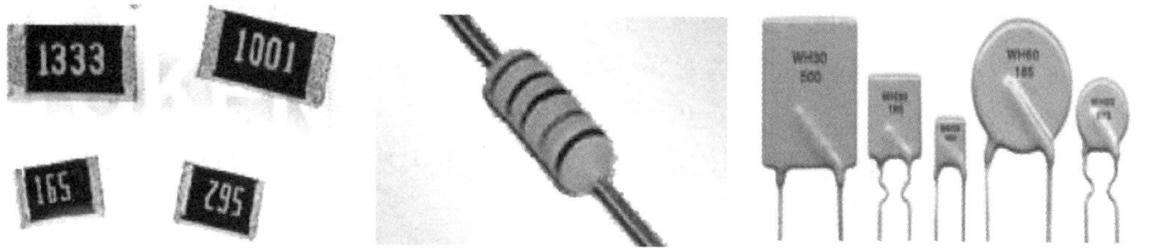

a)　　b)　　c)

图 1-2　片式电阻、熔断电阻、自复熔断电阻

6）压敏电阻：是一种对电压十分敏感的元件。当电阻两端电压低于其标称值时，呈高阻状态；当电压高于其标称值时，阻值急剧下降，呈低阻状态，从而保护其他元器件，如图 1-3a 所示。

7）热敏电阻：是一种对温度十分敏感的元件，其阻值随温度变化而显著变化，如图 1-3b、c 所示。

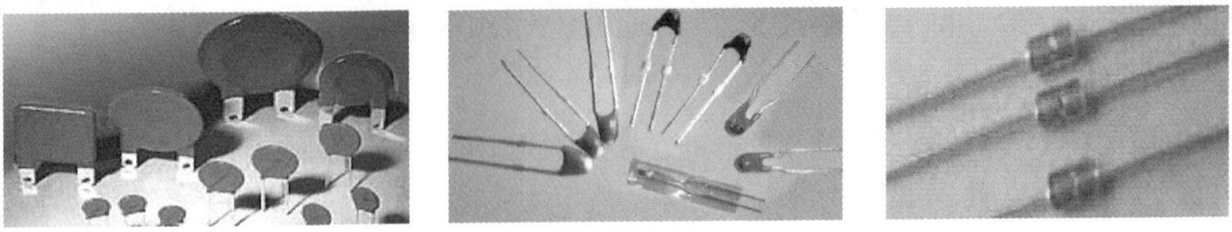

a) b) c)

图 1–3 压敏电阻和热敏电阻

2. 电阻的主要参数

(1) 标称阻值和允许误差

标称阻值：是电阻表面所标注的阻值，按照国家规定的电阻器标称阻值系列选定，常用的有 E6、E12 和 E24 数系，如表 1–3 所示。

表 1–3 电阻器标称阻值系列

标称阻值系列	允许误差	精度等级	电阻器标称值											
E6	±20%	Ⅲ	1.0	1.5	2.2	3.3	4.7	6.8						
E12	±10%	Ⅱ	1.0	1.2	1.5	1.8	2.2	2.7						
			3.3	3.9	4.7	5.6	6.8	8.2						
E24	±5%	Ⅰ	1.0	1.1	1.2	1.3	1.5	1.6	1.8	2.0	2.2	2.4	2.7	3.0
			3.3	3.6	3.9	4.3	4.7	5.1	5.6	6.2	6.8	7.5	8.2	9.1

电阻值就是以这些数系中的数值为基数，再乘以 10 的 n 次方，单位是欧姆（Ω）。比如 E24 数系中有 2.4，那么，电阻值可以是 0.24 Ω、2.4 Ω、24 Ω、240 Ω、2400 Ω 等。了解这些知识后，同学们就会发现，有些阻值的电阻只是理想电阻，实际是不存在的。如当理论计算需要一个 400 Ω 的电阻时，只能用 390 Ω 或 430 Ω 的电阻代替。

允许误差：实际阻值与标称阻值之间有一定的偏差，这个偏差与标称阻值的百分比叫作允许误差。E12 数系电阻的允许误差为 ±10%，E24 数系电阻的允许误差为 ±5%。对于精密电阻，E48 数系电阻的允许误差为 ±2%，E96 数系电阻的允许误差为 ±1%。

(2) 额定功率

额定功率是电阻器可以长期稳定工作、不会损坏的最大功率限度。通常有 1/8 W、1/4 W、1/2 W、1 W、2 W、5 W、10 W 等。

3. 电阻的标注方法

表示电阻的标称阻值和允许误差的方法有直标法、文字符号法、色标法三种形式。2 W 以下的小电阻，其功率通常不标出，通过观察外形尺寸判定；2 W 以上的电阻，其功率数值在电阻表面用数字标出。

(1) 直标法

在电阻表面，直接用数字和单位符号标出阻值和允许误差。如电阻上印有 22 kΩ ±5%，表示阻值为 22 kΩ，允许误差为 ±5%。

(2) 色标法

用不同颜色的色环表示电阻器的标称阻值和允许误差，见表 1–4。普通电阻用四环表示，精密电阻用五环表示。图1–4说明了电阻色环表示的意义。

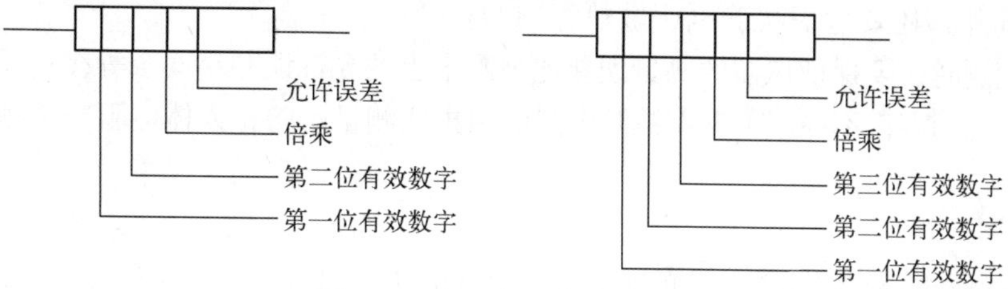

图1–4　电阻色环表示的意义

如某四环电阻的色环为蓝、红、棕、金，则该电阻的标称阻值为62×10 Ω×(1±5%)，即620 Ω×(1±5%)；某五环电阻的色环为黄、橙、黑、红、棕，则该电阻的标称阻值为430×100 Ω×(1±1%)，即43 kΩ×(1±1%)。

表1–4　色环所代表的意义

定　义	色环颜色											
	黑	棕	红	橙	黄	绿	蓝	紫	灰	白	金	银
有效数字	0	1	2	3	4	5	6	7	8	9	—	—
倍乘数	10^0	10^1	10^2	10^3	10^4	10^5	10^6	10^7	10^8	10^9	—	—
允许误差（%）	—	±1	±2	—	—	±0.5	±0.2	±0.1	—	—	±5	±10

利用色标法判断阻值时，需要先确认第一环。靠近电阻端面一端的色环为第一环；五环电阻中，第五环与第四环间的距离比另外四环之间的距离要大。也可以先确定误差环，如金、银色不能用于第一环。

(3) 文字符号法

文字符号法用数字和文字符号按一定规律组合表示电阻器的阻值。

1) 普通电阻

用文字符号k、M、G、T表示电阻的单位，R表示小数点。另外，用F、G、J、K分别表示±1%、±2%、±5%和±10%的允许误差。

如R1表示0.1 Ω，2k7J表示2.7 kΩ×(1±5%)。

2) 片式电阻

用三位数字标注时，则允许误差为±5%。

如图1–5所示，如某片式电阻上标注275，则该电阻的阻值为$27\times10^5=2700000\ \Omega$，即2.7 MΩ。

如果在某位出现为R，则R相当于小数点。如某片式电阻上标注51R，则该电阻的阻值为51 Ω。如某片式电阻上标注9R1，则该电阻的阻值为9.1 Ω。

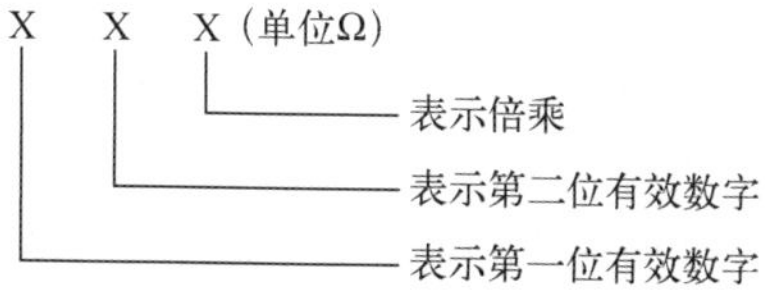

图1–5　文字符号法

当片式电阻的允许误差为±1%时，采用4个数字表示，前面3个数字为有效数，第4位表示倍乘。如某片式电阻标注为2005，则该电阻的阻值为20 MΩ。当阻值小于10 Ω时，仍在第二位加“R”。如某片式电阻上标注4R70，则该电阻的阻值为4.7 Ω。

4. 电阻的选用与检测

选用电阻时，首先需要选择电阻的标称阻值，了解电阻的允许偏差；其次，电阻的额定功率要满足电路设计所需的最小额定功率；要考虑电阻工作的环境，不同种类的电阻适合不同的环境。此外，还要考虑防静电、散热等问题。

电阻在检测时，要保证仪器的测量误差比被测电阻的允许误差小两个等级；使用万用表欧姆档时，要注意调零；不要用手捏着被测电阻的引出线测量，防止人体电阻与被测电阻并联。

1.4.2 电容

电容（Capacitor）是电容器的简称，它具有隔直流、通交流的特性。在电路中起交流耦合、旁路、滤波、调谐等作用。

1. 电容的种类

电容按结构可以分为固定电容、可变电容、微调电容；按介质可分为空气介质电容、固体介质（云母、独石、陶瓷、涤纶）电容及电解电容；按极性可分为有极性电容和无极性电容。如图 1-6 所示为独石电容、陶瓷电容和色环电容。如图 1-7 所示为电解电容、贴片电容和可调电容。

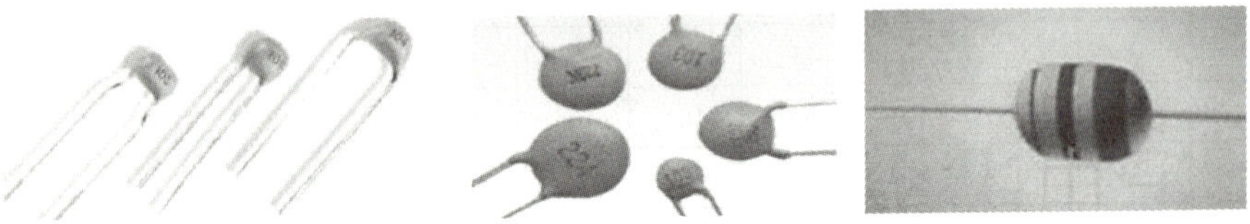

图 1-6 独石电容、陶瓷电容、色环电容

图 1-7 电解电容、贴片电容、可调电容

2. 电容的主要参数

(1) 标称容量与允许误差

标在电容器外壳上的电容量值称为标称容量，它同样由标准系列决定。常用的标称系列和电阻相同。

标称容量与实际容量之间也存在偏差，这个偏差与标称容量的百分比称为允许误差。常用电容器的允许误差与电阻相同，用 F、G、J、K 分别表示 ±1%、±2%、±5%、±10%。

(2) 额定工作电压

在规定的工作温度范围内，电容长期可靠地工作，所能承受的最大直流电压，称为额定工作电压。如果在交流电路中，所加的交流电压最大值不能超过电容的直流工作电压值。

(3) 绝缘电阻

电容两极之间的电阻称为绝缘电阻，或者叫作漏电阻。绝缘电阻表征电容器的漏电性能，在数值上等于额定工作电压下的直流电压与通过电容的漏电流的比值。绝缘电阻越大，电容器的质量越好，一般在 1000 MΩ 以上。

3. 电容的标注方法

电容的标注方法有直标法、文字符号法、数字法、色标法。

1）直标法：将电容的主要参数直接标注在电容体上，常用于电解电容。如 2200 μF，50 V；22 μF，400 V 等。

2）文字符号法：将容量的整数部分写在容量单位符号的前面，容量的小数部分写在容量单位符号的后面。如 2p2 代表 2.2 pF，4n7 代表 4.7 nF，即 4700 pF。

3）数字法：在一些瓷片电容上，常用三位数字表示标称电容，单位为 pF。其中，前两位表示有效数字，第三位表示倍乘。如 103，表示 10×10^3 pF。

4）色标法：与电阻器色环表示方法相同，颜色所代表的数字也与电阻器的色环完全一致，单位为 pF。如橙橙红代表 $33\times10^2=3300$ pF。

4. 电容的选用与检测

选用电容时，注意不要超过电容的额定工作电压，一般要降额使用。此外，要重点考虑各种电容适用的场合。如空气介质电容适合于耦合、滤波、调谐，云母电容适合于旁路等。对于电解电容，还要特别注意极性不要接反。

电容在使用前要对其性能进行检查，如是否短路、漏电、失效等。

（1）固定电容的检测方法

1）对于 0.01 μF 以下的电容，在测量时，可选用模拟万用表 ×10k 档。用两表笔分别任意接电容的两个引脚，阻值应为无穷大。有的电容漏电阻到达∞位置后，又向零欧姆方向摆动，表明电容已漏电损坏或内部击穿。

2）对于 0.01 μF 以上的电容，可用模拟万用表的 ×10k 档直接测试电容有无充电过程以及有无内部短路或漏电现象，并可根据指针向右摆动的幅度估计出电容的容量。

（2）电解电容的检测方法

1）一般情况下，1 ~ 47 μF 间的电容，可用模拟万用表 ×1k 档测量漏电阻，大于 47 μF 的电容可以用模拟万用表 ×100 档测量。

2）将模拟万用表红表笔接电容负极，黑表笔接电容正极。在刚接触的瞬间，模拟万用表指针会向右偏转较大幅度，随后向左回落至某一位置，此时测得的阻值为正向漏电阻；将红黑表笔对调，测得的阻值为反向漏电阻，它略小于正向漏电阻。实际经验表明，电解电容的漏电阻一般在几百 kΩ 以上。若测试中，正、反向指针均不动，则表明电容内部已断路或容量已消失；若所测阻值很小，则表明电容漏电现象严重或已击穿损坏。

3）对于正负极性不明的电解电容，可利用上述方法判别极性。即先任意测一下漏电阻，记住其大小。然后交换表笔再测一次。两次测量中，阻值大的那一次，黑表笔接的是电容的正极。

1.4.3 电感

电感（Lnductor）具有通直流、隔交流的作用，广泛应用于调谐、振荡、滤波、匹配、补偿等电路。

1. 电感的种类

电感线圈有空心电感、铁心电感、贴片电感、工字电感、色环电感、磁棒电感、扼流圈等种类。如图 1-8 所示为空心电感、贴片电感和工字电感，如图 1-9 所示为色环电感、磁棒电感和扼流圈。

图 1-8　空心电感、贴片电感、工字电感

图 1-9　色环电感、磁棒绕线电感、扼流圈

2. 电感的主要参数

（1）电感量

电感的基本单位是亨（H）。当通过线圈的电流每秒钟变化 1 A 所产生的感应电动势是 1 V时，线圈的电感为 1 H。电感量的大小与线圈匝数、直径、内部有无磁心、绕制方式等有直接关系。

（2）品质因数（Q 值）

Q 值的大小表明了线圈损耗的大小，Q 值越大，线圈的损耗就越小。

（3）分布电容

在电感线圈匝与匝之间、层与层之间、线圈与磁屏蔽之间都存在一定的电容，称为分布电容。若将这些分布电容综合在一起，就成为了一个与线圈并联的等效电容 C。当电感线圈的工作频率高于线圈的固有频率时，其分布电容的影响就会超过电感的作用，使电感变成了一个小电容。所以，电感线圈必须工作在其固有频率之下。

3. 电感线圈的固有频率

电感线圈的等效电路如图 1-10 所示。除了分布电容 C 外，还有直流电阻 R。

若电感线圈工作在直流与低频情况下，电阻对电感线圈的正常工作影响不大，可以忽略，分布电容也因为频率低，对电感线圈的影响小。此时，电感线圈可以视为理想电感。

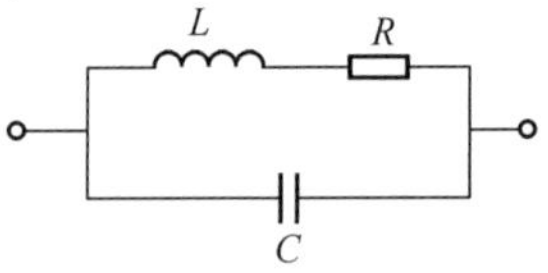

图 1-10　电感线圈的等效电路图

当工作频率提高后，电阻与电容的影响就会逐渐明显。当提高到某一频率值时，分布电容的容抗 X_C 与电感的感抗 X_L 相等，电感线圈会出现谐振现象。此时的频率即为电感线圈的固有频率。其计算表达式为

$$f_0 = \frac{1}{2\pi\sqrt{LC}}$$

4. 电感的选用与检测

选用电感时，首先要检测电感。电感量和品质因数一般要用专门的仪器测量。实际使用中，常用万用表×1 档和×10 档测量电感的电阻，若阻值很大，则电感已断路；若阻值在几欧姆到几十欧姆之间，则电感正常。此外，要注意区分色环电阻和色环电感。

1.5 Multisim 在电路基础实验中的应用

Multisim 是电子设计自动化仿真软件。20 世纪 80 年代，由加拿大 IIT（Interactive Image Technologies）公司推出初期的 EWB（Electronics Workbench）。2000 年后逐步升级并改名为现在的 Multisim，目前已开发出最新版本 Multisim 14。

Multisim 软件克服了传统的电子产品设计受实验室客观条件限制的局限性，用虚拟的元器件搭建各种电路，用虚拟的仪表进行各种参数和性能指标的测试，已经成为电子工程师和高等院校电子类专业学生必须掌握的基本工具。本书以 Multisim 8.0 版本为例，简要说明其使用方法。

1.5.1 Multisim 的用户界面

单击 Multisim 8 图标，弹出如图 1-11 所示的用户界面，包括菜单栏、标准工具栏、仿真工具栏、元件工具栏、仪表工具栏、电路窗口等。

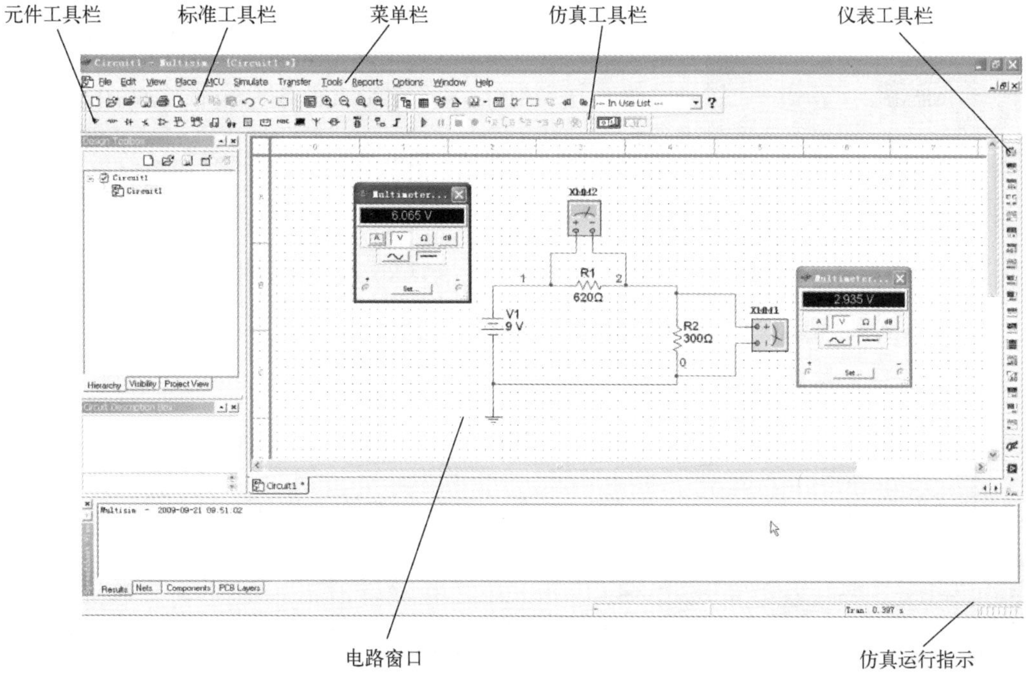

图 1-11 Multisim 8 用户界面

在“标准工具栏”中可以进行“新建”、“打开”、“存盘”等操作；“元件工具栏”中提供了搭建仿真电路所需的各种元器件；“仪表工具栏”中提供了电子测量所需的各种虚拟仪表；“电路窗口”是用来搭建仿真电路的工作平台；“仿真工具栏”中提供了仿真开关，下方的“仿真运行指示”提供了仿真的运行状态指示。

1.5.2 用 Multisim 的元件工具建立仿真电路

Multisim 8 的元件库中包含了 13 大类的元器件，如图 1-12 所示为元件工具栏的图标。

图 1-12 元件工具栏图标

其中包括电源库（Source）、基本元器件库（Basic）、二极管库（Diode）、晶体管库（Transistor）、模拟集成电路库（Analog）、TTL 数字集成电路库（TTL）、CMOS 数字集成电路库（CMOS）、数字器件库（Miscellaneous Digital）、混合器件库（Mixed）、指示器件库（Indicator）、其他器件库（MISC）、机电类器件库（Electromechanical）、射频元器件库（RF）以及放置分层模块、放置总线等工具。如表 1-5 所示。

表 1-5 元件工具栏

图标	名称	功能
	Source	信号源库，含接地、直流信号源、交流信号源、受控源、乘法器等 6 类
	Basic	基本元器件库，含电阻、电容、电感、变压器、开关、负载等 18 类
	Diode	二极管库，含虚拟、普通、发光、稳压二极管、桥堆、晶闸管等 9 类
	Transistor	晶体管库，含双极型晶体管、场效应晶体管、复合晶体管、功率晶体管等 16 类
	Analog	模拟集成电路库，含虚拟、线性、特殊运放和比较器等 6 类
	TTL	TTL 数字集成电路库，含 74XX 和 74LSXX 两大系列
	CMOS	CMOS 数字集成电路库，含 74HCXX 和 CMOS 器件的 6 个系列
	Miscellaneous Digital	数字器件库，含虚拟 TTL、VHDL、Verilog HDL 器件等 3 个系列
	Mixed	混合器件库，含 ADC/DAC、555 定时器、模拟开关等 4 类
	Indicator	指示器件库，含电压表、电流表、指示灯、数码管等 8 类
	Miscellaneous	其他器件库，含晶振、集成稳压器、电子管、熔丝 14 类
	Electromechanical	机电类器件库，含各种开关、继电器、电动机等 8 类
	RF	射频元器件库，含射频 NPN、射频 PNP、射频 FET 等 7 类

在电源器件库中，包含了电路基础实验中常用的直流电源（DC_POWER）、接地（Ground）等器件；基本元器件库中包含了电路基础实验中常用的电阻（Resistor）、电容（Capacitor）、电感（Inductor）、开关（Switch）、电阻箱（Potentiometer）等器件，是电路基

础实验常用的部分。下面举例说明元器件调用和基本电路的建立方法。

1. 从元件库中调取元器件

1）鼠标左键单击元件工具栏中的（Basic）按钮，弹出“Select a Component”对话框，如图 1-13 所示。

2）在对话框左侧“Family”栏中选择“RESISTOR”，在“Component”栏中利用右侧滚动条，选择需要的电阻，如选择“100 Ω”。单击对话框右侧“OK”按钮，将退出对话框。

3）退出后，鼠标上就附着了一个电阻。在电路窗口中的适当位置单击鼠标左键，即可将该电阻放置在电路窗口中。

2. 调整元件的方向

当需要调整元件的方向时，将鼠标指针指向要调整的元器件，单击鼠标右键，将出现图 1-14 所示的快捷菜单。在弹出的快捷菜单中，可以选择顺时针旋转、逆时针旋转、水平翻转、垂直翻转四种方式调整元件的方向。

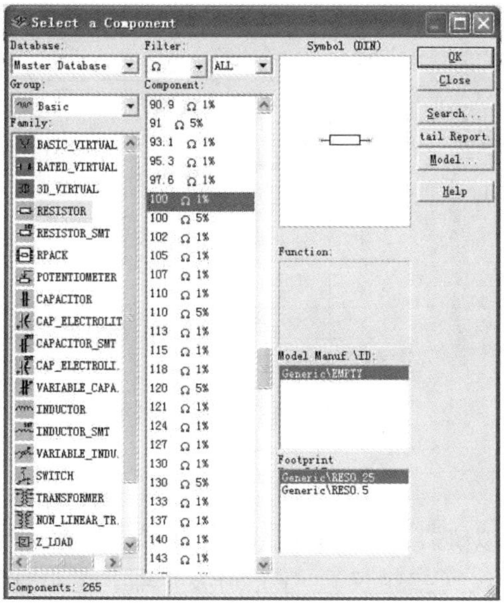

图 1-13 Select a Component 对话框

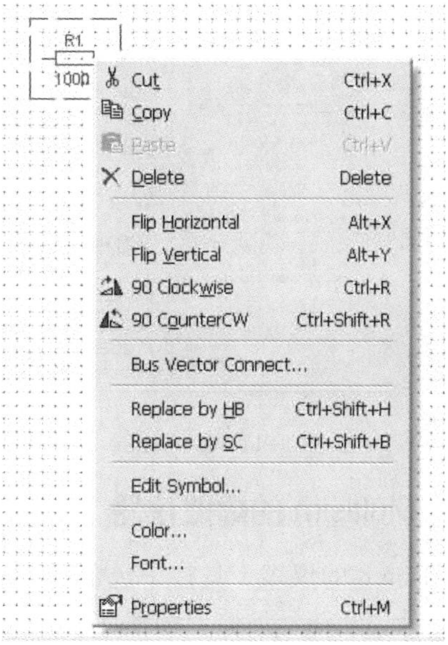

图 1-14 在电阻上单击鼠标右键弹出的菜单

3. 线路的连接

将调出的元器件进行适当的连线，可以形成最终的电路图。下面以常用的串联电路为例，讲述连线的过程。

1）在电路窗口中放置两个电阻元件、一个直流电源器件、一个接地器件，并调整其相对位置，如图 1-15 所示。其中直流电源的默认值为 12 V，如果需要修改参数，可以用鼠标双击直流电源元件，将打开一个设置窗口，改变直流电压的参数，例如 6 V。

2）将鼠标移动到直流电源上端连线处时，鼠标箭头会变成带十字的小圆点。此时，按住鼠标左键，沿电路窗口中的网格点向右拉出一段黑色虚线，至 100 Ω 左边的引脚时，放开鼠标左键。再单击鼠标左键，将自动形成一条红色的连线，连线完成。如图 1-16 所示。

3）当要删除某连线或改变连线颜色时，只需用鼠标右键单击该连线，即可在弹出的对话框中选择“Delete”操作或“Wire Color”操作。如图 1-17 所示。

4）重复以上操作，形成最终的电路图，如图 1-18 所示。

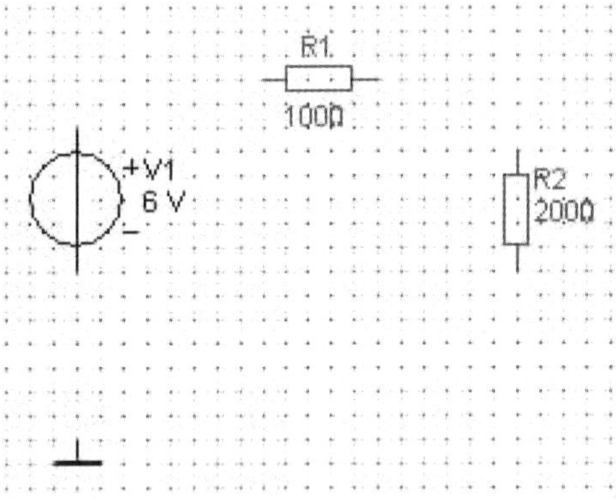

图 1-15　放置元件

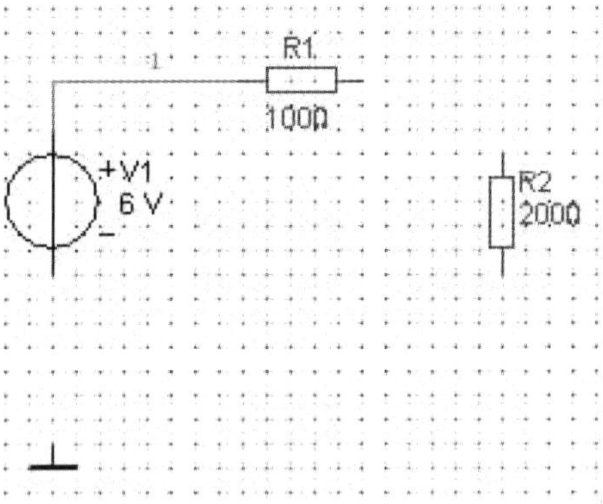

图 1-16　连接线路

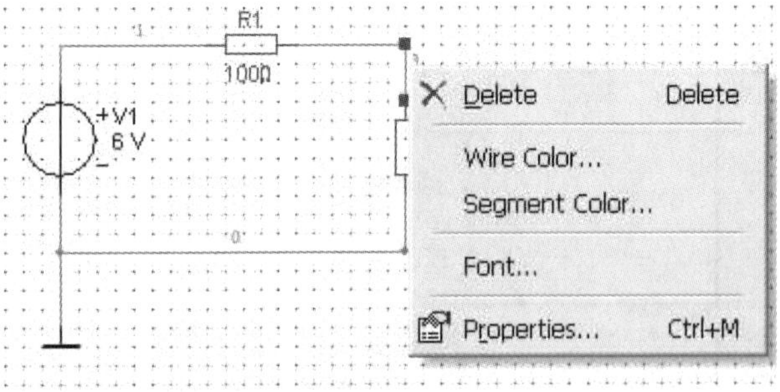

图 1-17　删除连线

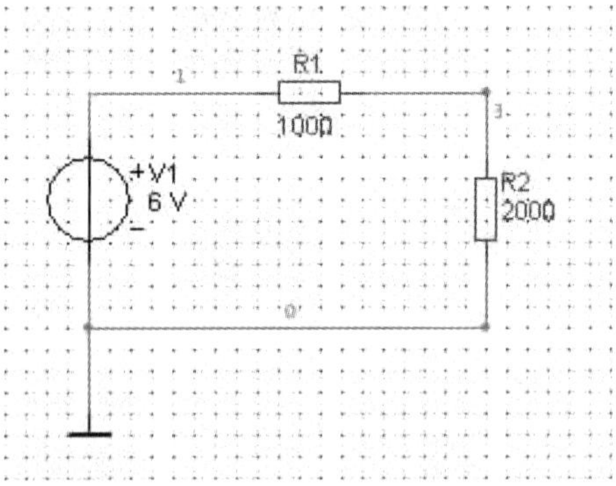

图 1-18　完成全部连线的电路图

1.5.3　Multisim 的虚拟仪器

Multisim 8 的仪表工具栏中包含了 18 类虚拟仪器，主要有：数字万用表、函数信号发生器、功率计、双踪示波器、频率计、波特图示仪（扫频仪）、字信号发生器、逻辑分析仪、逻辑转换仪、频谱分析仪、网络分析仪、失真度分析仪以及四通道示波器、IV 分析仪、逻辑笔，仿真的 Agilent 信号发生器、万用表、示波器，以及仿真的 Tektronix 示波器等。如图 1-19 是仪表工具栏的图标。

下面重点介绍数字万用表、双踪示波器和波特图示仪的调用过程及使用方法。

图 1-19　仪表工具栏图标

1. 数字万用表

（1）用数字万用表测量直流电压和直流电流

1）鼠标左键单击仪表工具栏中的按钮，鼠标上就附着一个万用表的图标。将鼠标移动到待测元件上方，单击鼠标左键，将万用表放置在电路窗口中。

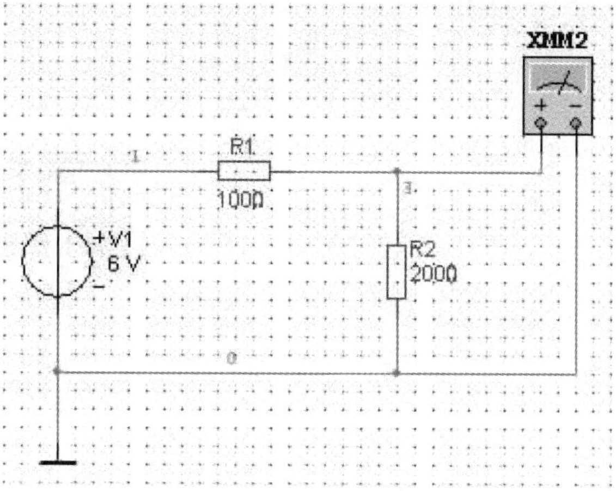

图 1-20 放置和连接万用表

2）如果要测量电压，应将万用表并联在被测电路两端。将万用表的“＋”极接于被测电路的高电位端，“－”极接于电路的低电位端。例如，要测量 200 Ω 电阻两端的直流电压，将万用表按图 1-20 所示接入电路。

双击万用表 XMM2，弹出万用表的面板，选择电压“V”和直流“－”，以测量直流电压。如图 1-21 中右侧万用表面板图所示。

3）如果要测量某一支路的直流电流，必须将万用表串联在被测电路中。此时应首先选择被测支路的断开点，然后判断电流的方向，将万用表“＋”极接于电流的流入端，“－”极接于电流的流出端，如图 1-21 所示。

双击万用表 XMM3，弹出万用表的面板，如图 1-21 中左侧万用表面板图所示。选择电流“A”和直流“－”，以测量直流电流。

4）按下仿真开关或图标运行程序，万用表面板中将显示被测电压值和电流值。如图 1-21 所示，电压表上指示为 4 V，电流表上指示为 13. 335 mA。

5）仿真完毕，关闭仿真开关或再次单击，终止程序运行。

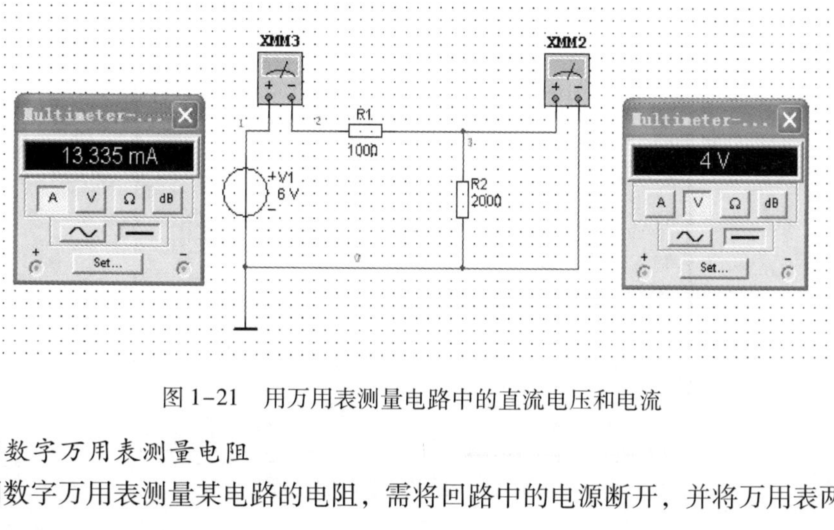

图 1-21 用万用表测量电路中的直流电压和电流

(2) 用数字万用表测量电阻

如果用数字万用表测量某电路的电阻，需将回路中的电源断开，并将万用表两表笔与被测元件或电路相并联。选择面板上的“Ω”按钮，按下仿真开关后，在面板上就可以读出测量的阻值。如图 1-22 所示。

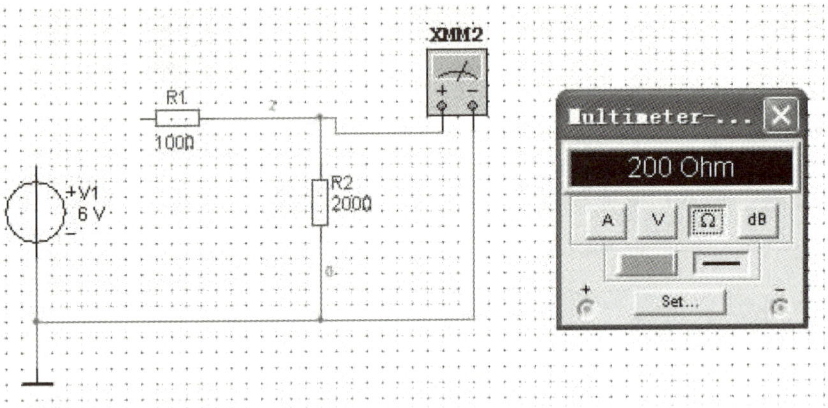

图 1-22　用万用表测量电阻

在测量电阻时应注意：

1）电路中必须有一个接地点，否则无法测出电阻阻值。

2）测量的电路中不能连接交直流信号源，否则测量结果将出现错误。

3）Multisim 提供的万用表电阻档无法判断二极管、晶体管的好坏。

（3）万用电表有关参数的设置

单击万用电表面板上的参数设置“Set”按钮，屏幕弹出如图 1-23 所示的对话框，可以在 Electronic Setting 中根据实际要求设置电压档、电流档的内阻、电阻档的电流值等参数。由于 Multisim 8 提供的数字万用表默认状态是一种理想万用表，电压档电阻很大（默认 1 GΩ），电流档电阻很小（默认为 1 nΩ）。如果希望测量结果与实际的数值一致，需要根据实际使用的万用电表内阻数据，重新设置参数。

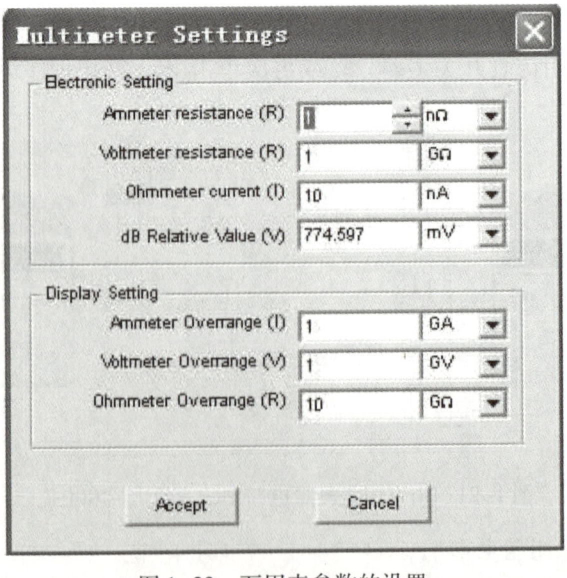

图 1-23　万用表参数的设置

在 Display Setting 中可以设置电压、电流、电阻的测量量限，超过此限时显示错误信息。

2. 双踪示波器

示波器（Oscilloscope）可以直观地观测信号的时域波形，Multisim 提供了数字式存储示波器，可以观察到瞬间变化的波形。

图 1-24 中显示了示波器的图标和面板图。其中示波器的图标上 A、B 为两路被测信号的非地输入端，G 为接地端，T 为外触发信号的输入端。

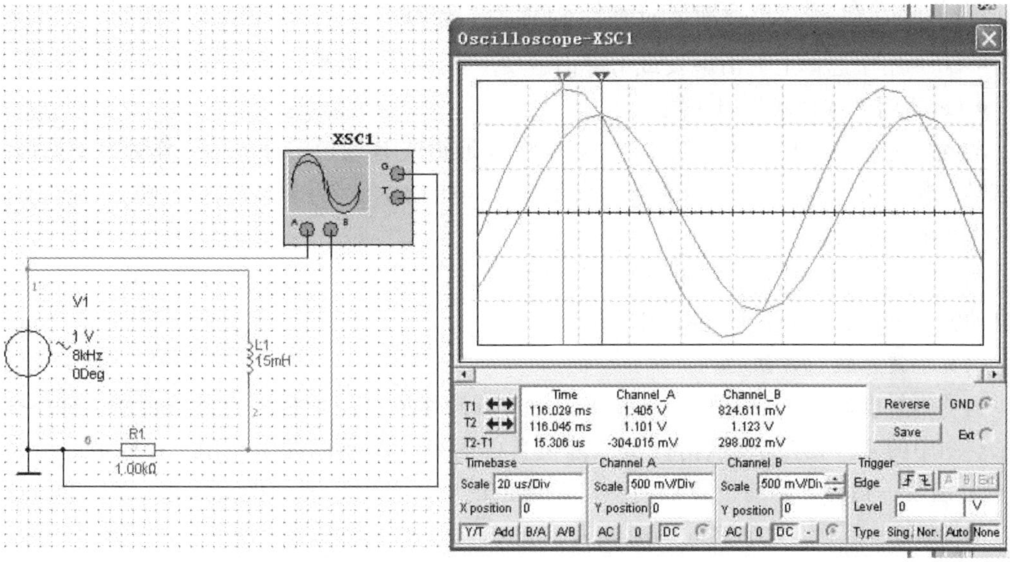

图 1-24　双踪示波器图标及其面板图

（1）时间基准设置

示波器的时间基准（Timebase）选择面板如图 1-25 所示，其中：

- Scale 表示 X 轴方向每一刻度代表的时间（时间/格），可以根据被测信号的周期，在其中选择不同的扫描速率。
- X position（X 位移）表示 X 轴方向时间基线的起始位置，默认值为 0。
- Y/T 表示 Y 轴显示 A、B 通道信号波形，X 轴方向显示时间基线。
- Add 表示 Y 轴显示 A、B 通道信号叠加波形，X 轴方向显示时间基线。
- B/A 表示将 A 通道信号作为 X 轴输入信号，将 B 通道信号作为 Y 轴输入信号，显示李沙如图形。A/B 则与上述相反。

（2）输入通道设置

示波器有两个 Y 轴输入通道 Channel A 和 Channel B，其面板如图 1-26 所示，其中：

- Scale 用于设置 Y 轴方向每一刻度的电压值（伏/格），即 Y 轴（电压）灵敏度。
- Y position（Y 位移）用于表示 Y 轴方向基线的起始位置。

输入耦合方式中有三种，“AC”表示交流耦合；“0”表示接地，可用于确定零电压在屏幕上的基准位置；“DC”表示直流耦合。其中 B 通道中的“-”按钮在单独使用时，显示 B 通道的反相波形，若与时基调节中的 Add 一起使用，则显示 A、B 通道 A-B 叠加波形。

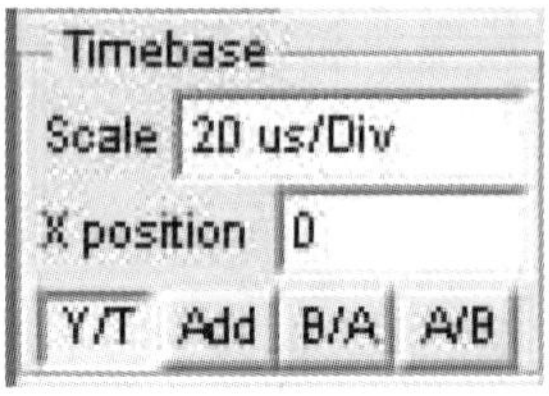

图 1-25　示波器的时间基准选择面板

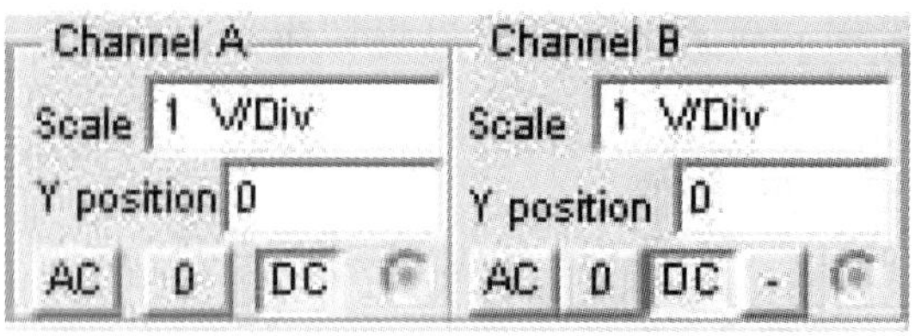

图 1-26　示波器的输入通道选择面板

（3）触发方式设置

示波器的触发方式设置面板如图 1-27 所示，其中：

- Edge 用于选择上升沿触发或下降沿触发。
- Level 用于选择触发电平的大小。

触发源选择：选择“A”或“B”表示将 A 通道或 B 通道的输入信号作为时基扫描的触发信号，默认值为 A；选择“Ext”为外触发，是指用示波器图标上触发（T）端子连接的信号作为触发信号。

触发方式有四种选择：“Sing”为单次触发方式；“Nor”为常态触发方式；“Auto”表示自动触发方式；一般情况下使用“Auto”方式。

（4）示波器读数方法

为了测量准确和读数方便，一般在暂停仿真操作冻结波形后，再进行观测，如图 1-28 所示。图中的 T1 行分别表示指针 1 当前位置的时刻、A 通道的电压值、B 通道的电压值；T2 行分别表示指针 2 当前位置的时刻、A 通道的电压值、B 通道的电压值；T2-T1 行则分别表示指针 1、2 两读数轴之间的时间差，它一般用于测量信号周期等；A（或 B）通道波形的电压差，一般用于测量信号的幅度、峰-峰值等。

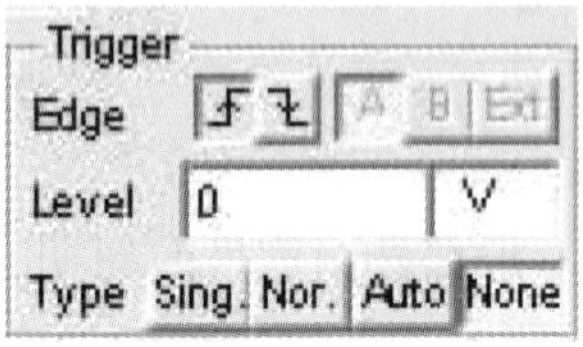

图 1-27　示波器的触发方式设置面板

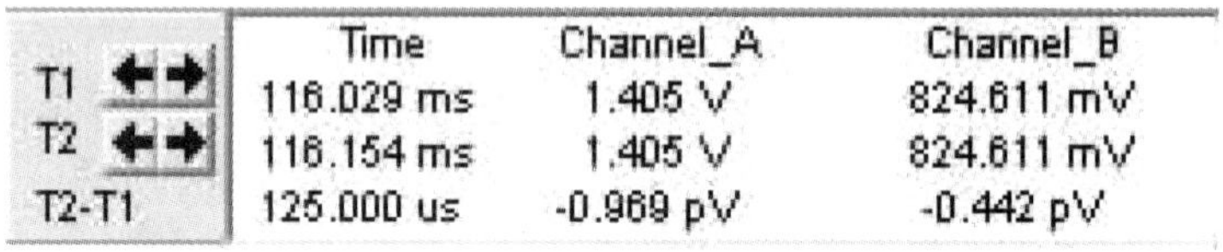

图 1-28　双踪示波器读数窗口

另外，“Reverse”按钮可以改变屏幕背景的颜色；“Save”按钮保存测量结果。

（5）应用举例

如图 1-24 所示，信号发生器送出 1 V、8 kHz 的正弦波信号，在示波器上可以测量电路输入端和输出端波形的电压幅度、周期（频率）以及两个波形的相位差等参数。

由图 1-24 测量可得：第一个输入波形 $U_{m1}=1.405\text{ V}$；第二个输入波形 $U_{m2}=1.123\text{ V}$；指针 1 和指针 2 测量出两条曲线的时间差 $T_2-T_1=15.306\ \mu s$。

然后，将指针 2 调整到第一个输入波形的第二个峰点，可以测出波形的周期为 $T=125\ \mu s$，如图 1-28 所示。

根据公式 $\varphi=\dfrac{\text{两个波形的时间差}}{\text{周期}}\times 360°$（度），计算出两波形的相位差：

$$\varphi = \frac{T_2 - T_1}{T} \times 360° = \frac{15.306}{125} \times 360° = 44.08°$$

3. 波特图示仪

波特图示仪（Bode Plotter）用于分析电路的频率响应，可以测试电路的幅频特性和相频特性，与实验室中的扫频仪相似，其图标和面板如图 1-29 和图 1-30 所示。

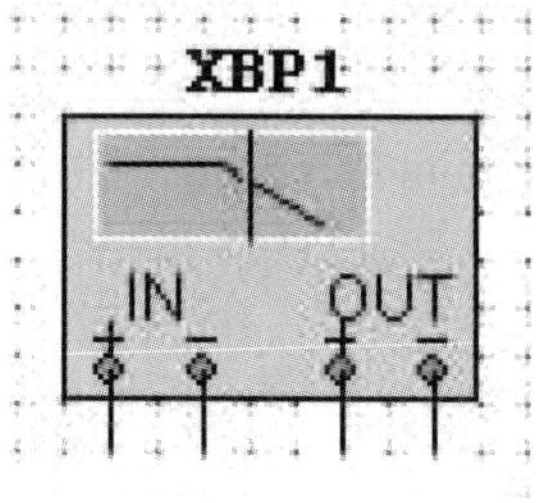

图 1-29　波特图示仪图标

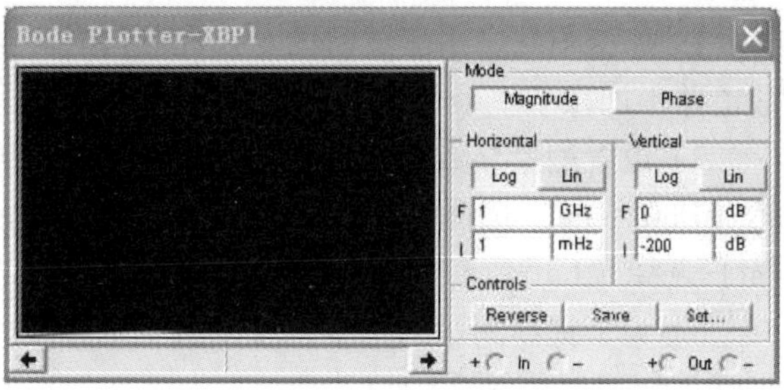

图 1-30　波特图示仪测量显示窗口

（1）连接电路

波特图示仪有 in 和 out 两个端口，其中 in 端口的 + 端（相当于实际扫频仪的扫频输出端）连接电路的输入端，out 端口的 + 端（相当于实际扫频仪的 Y 输入端）连接电路的输出端，而 - 极（相当于扫频仪的公共端或接地端）与模拟地相连。如图 1-31 所示。

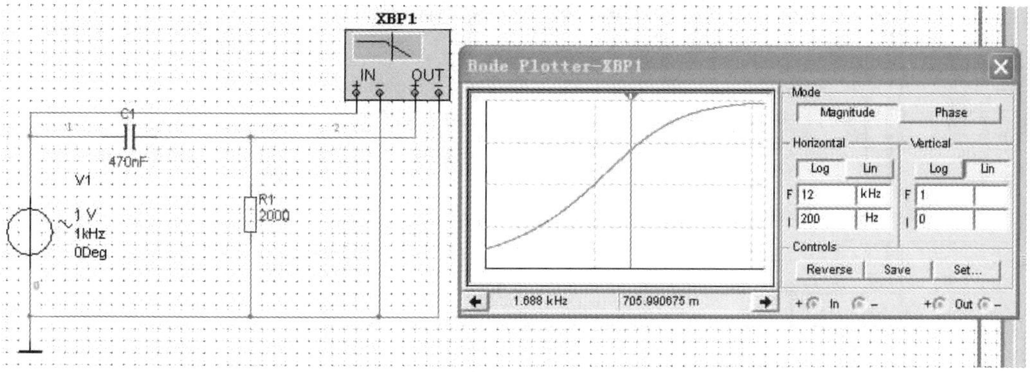

图 1-31　用波特仪观测 RC 低通滤波器的幅频特性曲线

（2）面板操作

测量电路创建后，双击波特图示仪，将弹出图 1-30 所示的测量显示窗口。

用波特图示仪测量时，单击“Magnitude”按钮显示幅频特性曲线；单击“Phase”按钮显示相频特性曲线；单击“Reverse”按钮改变屏幕背景的颜色；单击“Save”按钮保存测量结果；单击“Set”按钮设置扫描的分辨率，数值越大精度越高。

Vertical（垂直坐标）和 Horizontal（水平坐标）可以选择的类型有对数“Log”和线性“Lin”，I 和 F 分别用来设置坐标起点值和坐标终点值。水平坐标表示信号频率的测量范围，垂直坐标表示信号增益或相位的测量范围。

（3）测量读数

读数时可以拖动左侧屏幕上游标指针，在屏幕的下方读数栏内将显示指针处的读数。

（4）应用举例

例：一个 RC 高通滤波器测量电路，已知 $R_1=200\ \Omega$，$C_1=0.47\ \mu F$，观测该电路的幅频特性和相频特性曲线。

由已知数据可以计算出 RC 高通滤波器的截止频率为

$$f_c=\frac{1}{2\pi RC}=\frac{1}{2\pi(200\times0.47\times10^{-6})}\text{ Hz}=1.694\text{ kHz}$$

1）搭接电路。由于波特图示仪在测量时必须在输入端外加一个交流电压源的激励信号，故电路中加入了一个交流电压源。如图 1-31 所示。

2）设置测量参数。先选择测量幅度频率特性曲线，按下“Magnitude”按钮，然后在横轴（Horizontal）选择“Log”（对数）显示，频率范围设置为 200 Hz ~ 12 kHz；纵轴（Vertical）选择“Lin”（线性）显示，幅度范围设置为 0 ~ 1 V。

3）为了提高测量的精度，可以适当地提高扫描的分辨率。单击“Set”按钮，将分辨率由默认的 100 提高到 1000。

4）打开仿真开关后，观察电路的幅度频率特性曲线，拖动读数指针至幅度约为 0.707 V 处。由于精度的限制，从面板中读出当前值：频率为 1.688 kHz，幅度为 705.990675 mV。

5）测量滤波器的相频特性曲线。单击“Phase”按钮，将纵轴（Vertical）幅度范围改为 0° ~ 90°，如图 1-32 所示。

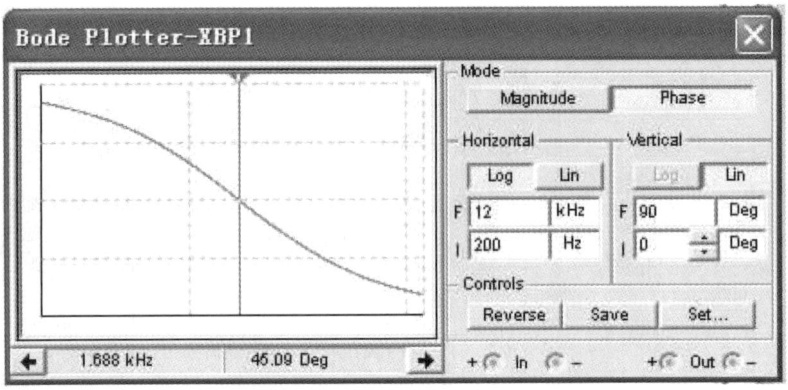

图 1-32　用波特仪观测 RC 高通滤波器的相频特性曲线

此时从面板中读出当前值：频率为 1.688 kHz，相位为 45.09°。

1.5.4　Multisim 的仿真分析方法

Multisim 8 提供的虚拟仪器给电子电路的分析带来了极大的方便，但有时在电路中要针对多种参数进行分析，这时使用虚拟仪器往往无法满足分析要求，为此 Multisim 8 提供了仿真分析功能。

单击 Multisim 8 主界面中的 Simulate 菜单，选择 Analyses 项，可以看到 Multisim 软件提供的 19 种仿真分析方法，如表 1-6 所示。

电路和信号分析实验中常用的有交流分析、瞬态分析和傅里叶分析，下面分别介绍这三部分。

表 1-6 Multisim8 的仿真分析方法

Simulate 菜单	仿真分析选项	中文注释
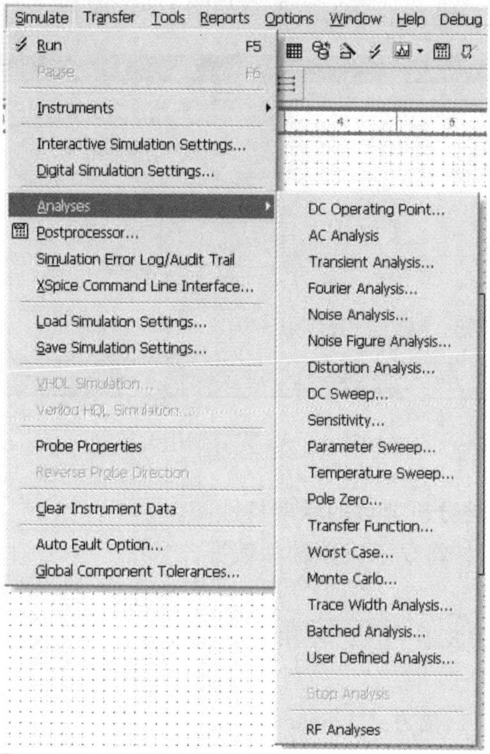	DC Operating Point Analysis	直流工作点分析
	AC Analysis	交流分析
	Transient Analysis	瞬态分析
	Fourier Analysis	傅里叶分析
	Noise Analysis	噪声分析
	Noise Figure Analysis	噪声指数分析
	Distortion Analysis	失真分析
	DC Sweep Analysis	直流扫描分析
	Sensitivity Analysis	灵敏度分析
	Parameter Sweep Analysis	参数扫描分析
	Temperature Sweep Analysis	温度扫描分析
	Pole Zero Analysis	零极点分析
	Transfer Function Analysis	传输函数分析
	Worst Case Analysis	最坏情况分析
	Monte Carlo Analysis	蒙特卡罗分析
	Trace Width Analysis	线宽分析
	Batched Analysis	批处理分析
	User Defined Analysis	用户自定义分析
	RF Analyses	射频分析

1. 交流分析

交流分析（AC Analysis）主要用于分析在交流小信号下电路中任意节点处的频率特性曲线，包括幅频和相频特性曲线。在进行频率特性分析时，电路中的直流电压源将视为短路，直流电流源将视为开路。

交流分析实际上与使用波特图示仪测量频率特性曲线相似。

（1）分析步骤

1）创建要分析的电路。

2）执行菜单“Simulate”→“Analyses”→“AC Analysis”，屏幕弹出如图 1-33 所示的对话框，单击 Frequency Parameter（频率参数）选项卡设置分析参数，对话框具体内容如表 1-7 所示。

表 1-7 交流分析的参数说明

AC 分析参数	含义和设置要求
Start frequency	扫描起始频率，默认为：1 Hz
Stop frequency	扫描终点频率，默认为：10 GHz
Sweep type	扫描形式（X 刻度）：Decade（十倍频）/Octave（二倍频）/Linear（线性）。默认：十倍频
Number of pointsper	显示点数，默认：10
Vertical scale	垂直尺度形式（幅度刻度）：Linear（线性）/Logarithmic（对数）/decibel（分贝）/ Octave（二倍频程）。默认：对数

3）根据实际需要设置好分析参数，如扫描起始频率、扫描终点频率、扫描形式和显示点数等。

4）选择 Output Variable（输出变量）项，设置电路的分析节点。如图 1-34 所示。

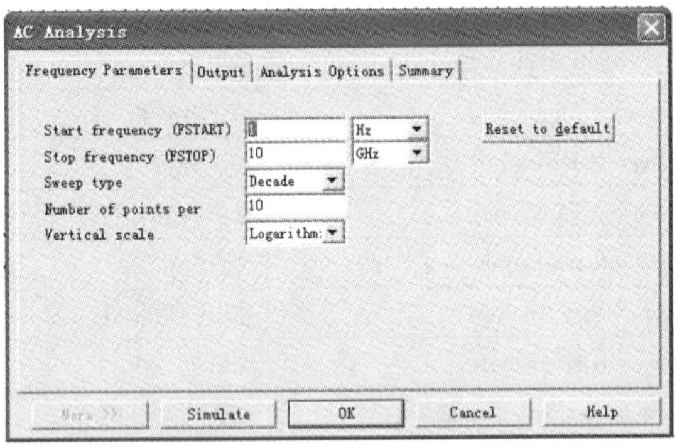

图 1-33　交流分析参数对话框

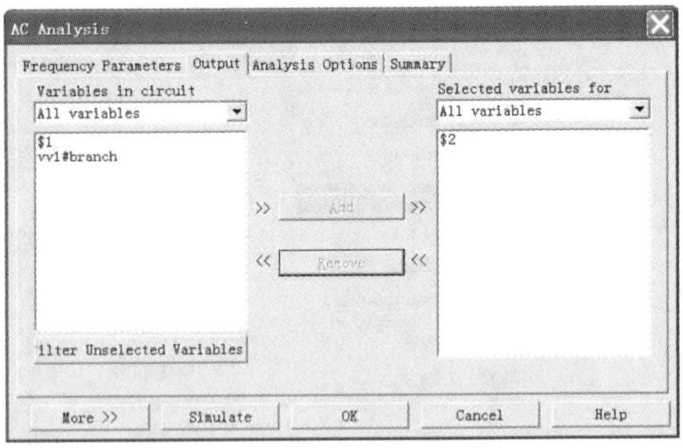

图 1-34　设置输出变量

5）单击“Simulate”按钮，在显示图上获得被分析节点的频率特性图。

6）读取测量数据。选定分析图后用鼠标单击，将显示读数轴和数据。

（2）应用举例

仍以 1.4.3 节的虚拟波特图示仪中 RC 高通滤波器为例，使用交流仿真分析方法来进一步分析。

先设置分析参数频率范围为 200 Hz ~ 12 kHz，扫描方式 Linear，扫描点数 100，垂直标尺采用 Linear，输出变量（Output Variable）选择节点号 2，单击“Simulate”按钮开始仿真分析。将显示图 1-35 所示结果。

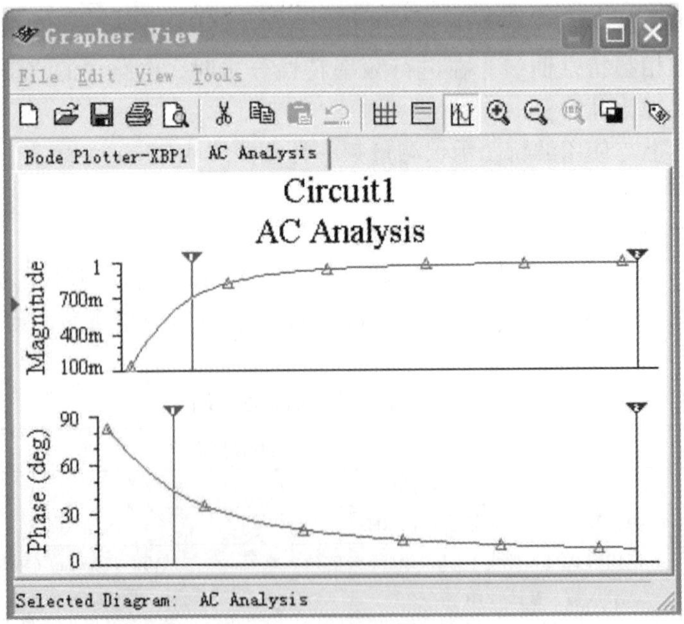

图 1-35　用交流仿真分析法显示幅频特性测量曲线

选定分析图，单击 ，将显示读数轴和数据。

分析结果：截止频率为1.6957 kHz，幅度为707.323 mV，相位为44.9876°。12 kHz 处电压为990.178 mV，相位为8.0274°。如图1-36所示。

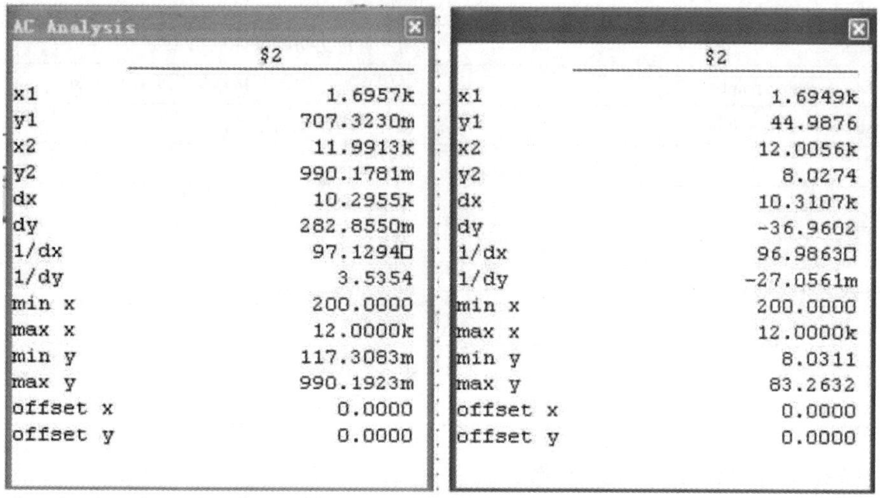

	$2
x1	1.6957k
y1	707.3230m
x2	11.9913k
y2	990.1781m
dx	10.2955k
dy	282.8550m
1/dx	97.1294□
1/dy	3.5354
min x	200.0000
max x	12.0000k
min y	117.3083m
max y	990.1923m
offset x	0.0000
offset y	0.0000

	$2
x1	1.6949k
y1	44.9876
x2	12.0056k
y2	8.0274
dx	10.3107k
dy	-36.9602
1/dx	96.9863□
1/dy	-27.0561m
min x	200.0000
max x	12.0000k
min y	8.0311
max y	83.2632
offset x	0.0000
offset y	0.0000

图1-36　仿真分析参数

2. 瞬态分析

瞬态分析（Transient Analysis）也称时域分析，即观察某节点在整个显示周期中某一时刻的电压波形，与使用存储示波器观测信号的波形相似。

（1）分析步骤

1）创建要分析的电路。

2）执行菜单“Simulation”→“Analyses”→“Transient Analysis”，屏幕弹出如图1-37所示对话框。选中 Analysis Parameter 项，对话框具体内容见表1-8。

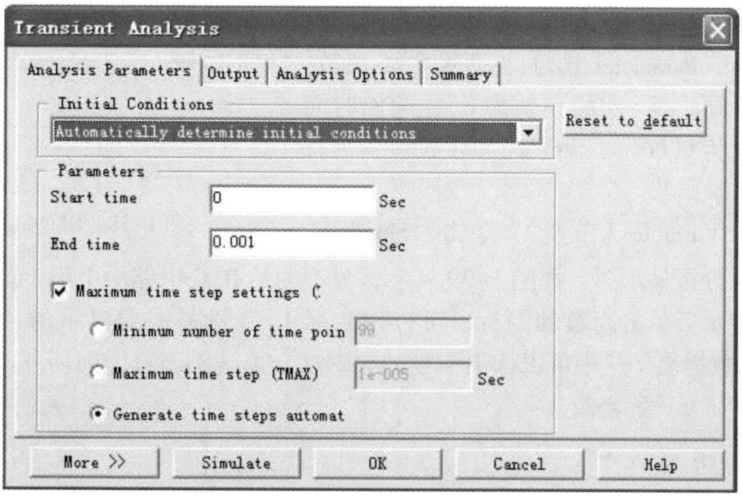

图1-37　瞬态分析参数设置

表 1-8 瞬态分析的参数说明

瞬 态 分 析	含义与设置要求
Initial Conditions	设置初始条件
Set to zero	初始条件为 0
User defined	用户自定义初始条件
Calculate DC operating point	采用直流工作点分析结果作为初始条件
Automatically determine initial conditions	系统自动设置初始条件
Parameters	参数设置
Start time	分析的起始时间
End time	分析的终止时间
Maximum time step settings（TMAX）	最大时间步长设置
Minimum number of time points	作图点数
Maximum time step（TMAX）	最大时间步长
Generate time steps automatically	自动选择时间步长

3）根据实际需要设置好分析参数，如初始条件、起始时间、终点时间和最大时间步长等。

4）选择 Output Variable（输出变量）项，设置电路的分析节点。

5）单击“Simulate”按钮，屏幕弹出分析显示图，显示被分析节点的瞬态波形。

6）读取测量数据。选定分析图，点击读数轴图标，将显示指针处的相关数据。

（2）应用举例

在实际测量中，瞬态分析法通过设置分析的时间参数，可以观测到各个时段的波形变化，尤其是起始波形的变化。

例如，在 Multisim 中建立如图 1-38 所示的 RLC 串联电路。

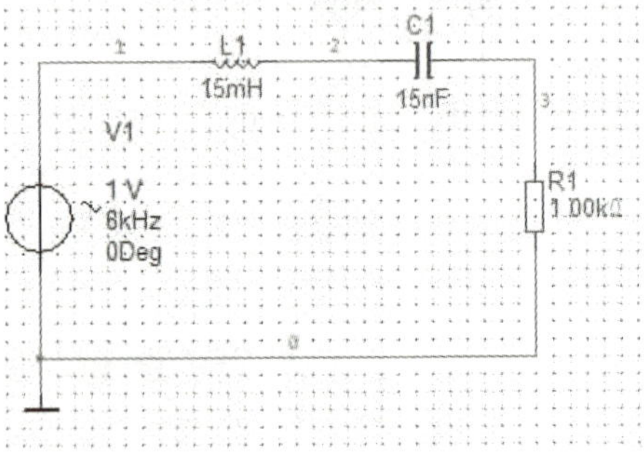

图 1-38 RLC 串联电路

执行菜单命令“Simulation”→“Analyses”→“Transient Analysis”，屏幕弹出如图 1-37 所示的对话框。在 Analysis Parameter 选项下设置主要参数：初始条件为 Set to zero（初始条件为 0）；起始时间为0 s；终点时间为 0.001 s；最大时间步长设置为自动产生时间步长。

设置 Output Variable 为节点 3，单击“Simulate”按钮，屏幕弹出分析显示图。如图 1-39 所示，显示的是 RLC 电路中电阻上的电压波形。

仿真波形显示后单击读数轴图标，可以用游标 1、2 选择需要显示的位置，将跳出如图 1-40 所示的数据表，从中可以读出信号的频率（$1/dx = 8$ kHz）、周期（$dx = 125$ μs）和幅度（$y_1 = 1.2185$ V）等参数。

3. 傅里叶分析

傅里叶分析（Fourier Analysis）用于分析一个时域信号的直流分量、基频分量和谐波分量，即把被测节点的时域变化信号作离散傅里叶变换，显示它的频域变化规律。

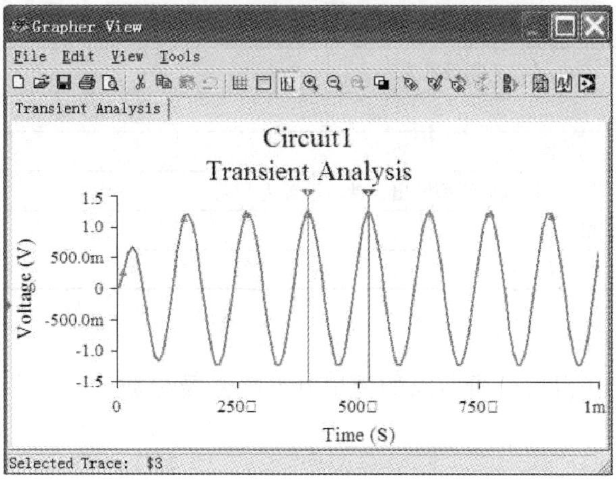

图 1-39　RLC 串联电路的瞬态波形

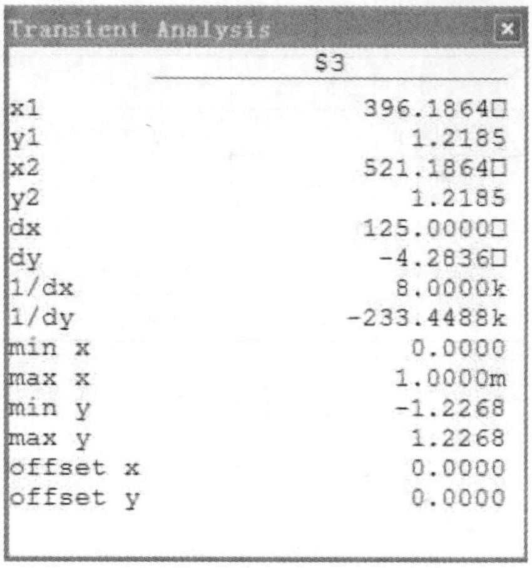

图 1-40　瞬态波形的有关数据

在进行傅里叶分析时，必须首先选择被分析的节点，一般将电路中的交流激励源的频率设定为基频。

（1）分析步骤

1）创建要分析的电路。

2）执行菜单命令“Simulation”→“Analyses”→“Fourier Analysis”，屏幕弹出如图 1-41 所示对话框。选中 Analysis Parameter 项，对话框具体内容见表 1-9。

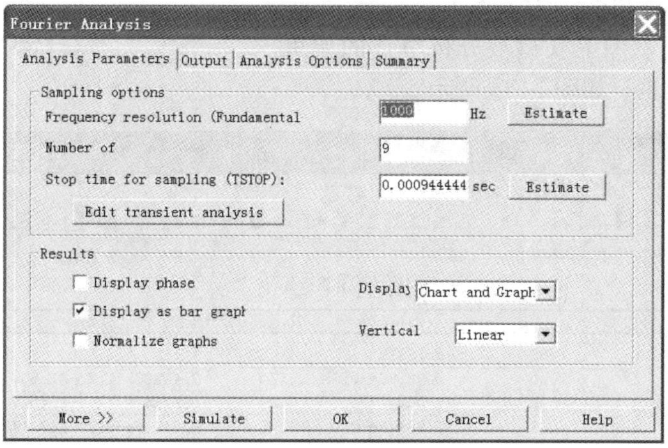

图 1-41　傅里叶分析参数设置

表 1-9　傅里叶分析的参数说明

傅里叶分析	含义和设置要求
Sampling options	采样选择
Frequency resolution (Fundamental)	谐波的基频，为交流源的频率或最小公因数，可单击 Estimate 按钮设置，默认设置为：1000 Hz
Number of	谐波数量，默认设置为：9
Stop time for sampling	采样停止时间，可单击 Estimate 按钮设置
Results	结果

（续）

傅里叶分析	含义和设置要求
Display phase	显示相频特性，默认设置为：无
Display as bar graph	显示离散频谱，默认设置为：选中
Normalize graphs	显示相对于基波分量的幅频特性，连续曲线型输出，默认设置为：无
Display	显示类型，图表/图形/图表和图形
Vertical	垂直尺度，线性/对数/分贝，默认设置为：线性

3）选择要分析的输出变量节点。

4）单击“Simulate”按钮，在显示图上获得被分析节点的傅里叶变换图及参数。

（2）应用举例

建立一个进行傅里叶分析的电路，如图 1-42 所示，本例题观测的是频率为 1 kHz，幅度为 5 V 的周期方波信号。

执行菜单命令“Simulation”→“Analyses”→“Fourier Analysis”，屏幕弹出对话框。选中 Analysis Parameter 选项卡，在对话框中将基频设置为 1000Hz，谐波数设置为 12，采样停止时间单击“Estimate”（估计）按钮自动产生。

选择要分析的输出变量为节点 1。单击“Simulate”按钮，在显示图上获得被分析节点的傅里叶变换图和有关数据，如图 1-43 所示。

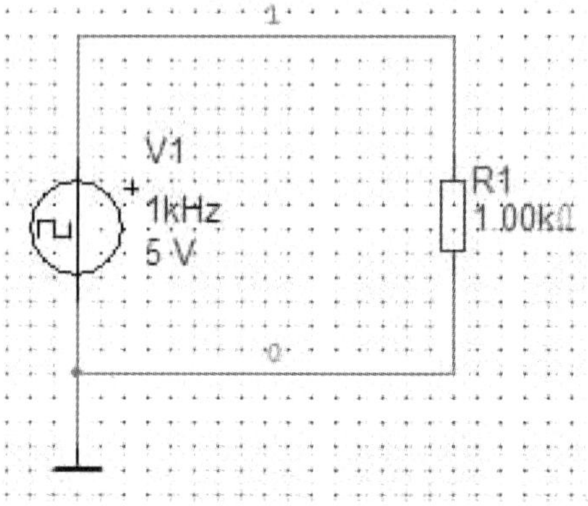

图 1-42 傅里叶分析电路

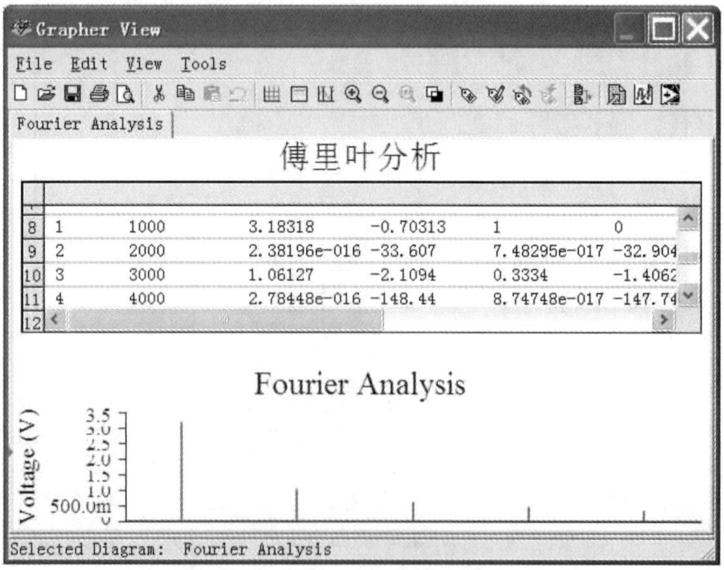

图 1-43 傅里叶变换图和有关数据

第 2 章　常用仪器的原理与使用

2.1　万用表

万用表又称复用表、繁用表或三用表，是一种测量多种电量、多量程的便携式复用电工测量仪器。一般的万用表以测量电阻、交/直流电流、交/直流电压为主。有的万用表还可用来测量音频电平、电容量、电感量和晶体管的 β 值等。

由于万用表结构简单，使用范围广，便于携带，因而它是维修仪表和调试电路的重要工具，是一种最常用的测量仪表。

万用表的种类很多，按其读数方式可分为模拟式万用表和数字式万用表两类。

2.1.1　模拟式万用表的原理与使用

模拟式万用表是通过指针在表盘上摆动的大小来指示被测量的数值，因此也称为机械指针式万用表。由于它价格便宜、使用方便、量程多、功能全等优点深受使用者的欢迎。

1. 万用表的组成

万用表在结构上主要由表头（指示部分）、测量电路、转换装置三部分组成。万用表的面板上有带有多条标度尺的刻度盘、转换开关旋钮、调零旋钮和接线插孔等。

（1）表头

万用表的表头一般都采用灵敏度高、准确度好的磁电系直流微安表。根据永久磁铁形状、位置不同，磁电式电流表又分外磁式、内磁式、内外磁式三种。

图 2-1 是一只外磁式表头内部结构示意图。其外部是由永久磁铁和圆弧形极掌构成的 N 和 S 两个磁极，中间是圆柱形软铁，在空气隙内形成均匀的辐射磁场。表头的动圈通过胶在其端面上的轴尖支承在宝石轴承上，可以在空气隙内自由转动。当直流电流按规定方向通过线圈时，与空气隙内的磁场相互作用而产生转动力矩，使动圈顺时针方向转动起来。同时带动固定在轴承上的指针偏转，其转动方向符合左手定则。指针摆动的幅度与加在表头线圈内的电流大小成正比。当转动力矩与上下两盘游丝所产生的反作用力矩平衡时，指针便停下来，从标度尺上便可读取数据。

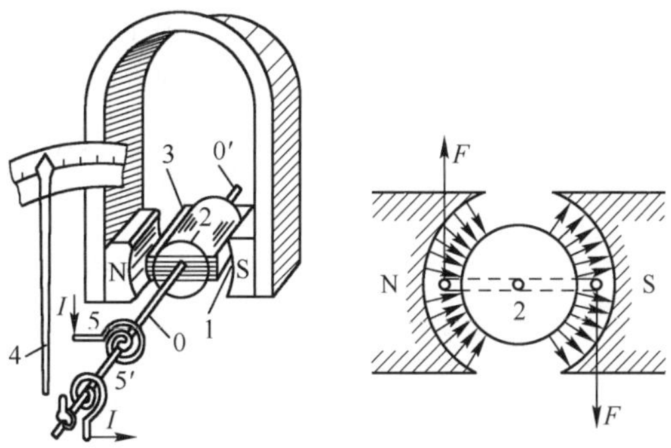

图 2-1　外磁式表头内部结构
0—中心轴　1—磁极　2—软铁
3—线圈　4—指针　5—游丝

表头的基本参数包括表头灵敏度、表头内阻和直线性。

表头灵敏度是指表头指针达到满刻度偏转时的电流值，用符号 I_g 表示。一般为几个微安到几百微安。这个电流值越小，说明表头灵敏度越高，表头特性就越好。

表头内阻主要是指动圈所绕漆包线及上下两盘游丝的直流电阻。用符号 R_g 表示。内阻高的万用表性能更好。

表头直线性，是指表针偏转幅度与通过表头电流强度幅度的相互一致性。

（2）测量电路

测量电路是万用表的重要部分。正因为有了测量电路才使万用表成了多量程电流表、电压表、电阻表（俗称欧姆表）的组合体。

万用表测量电路主要由电阻、电容、整流器件、转换开关和表头等部件组成。

万用表面板的表笔插孔就是测量电路的引出端。其中标有“+”符号的是正表笔插孔，标有“-”或“*”符号的是负表笔插孔。有些表还设有直流电压和交流电压 2500 V 高压插孔，标有 +2500 V 符号，测量交直流高压时，应将红色表笔接在 +2500 V 插孔内。

（3）转换装置

转换装置又称为量程开关，它是用来选择测量项目和量限的，主要由转换开关、接线柱、旋钮等组成。转换开关是由固定触点和活动触点两大部分组成。转换开关的活动触点通常称为“刀”，固定触点通常称为“掷”。万用表的转换开关是多刀多掷的，而且各刀之间是联动的。转换开关的具体结构因万用表的不同型号而有差异。当转换开关转到某一位置时，可动触点就和某个固定触点闭合，从而接通相应的测量电路。

有的万用表有两只开关，一只用于选择项目，一只用于选择量程，如 500 型万用电表。大多数万用电表则采用一只多档位分线式转换开关，其档位从十二档至三十档不等，可使选择测量项目和量程一次完成。

2. 万用表的表盘符号

万用表是可以测量多种电量，具有多个量程的测量仪表，为此万用表表盘上都印有多条刻度线，并附有各种符号加以说明。

不同电量用符号和文字加以区别。直流量用“—”或“DC”表示，交流量用“∽”或“AC”表示，欧姆刻度线用“Ω”表示。

为便于读数，有的刻度线上有多组数字。

多数刻度线没有单位，以便于在选择不同量程时使用。

万用表表盘上经常出现的图形符号和字母的意义列于表 2-1 中。

表 2-1 万用表表盘常用符号及其意义

符号与数字	表示意义
	整流式磁电系仪表
	外壳与电路的绝缘试验电压为 7 kV，星内的数字表示千伏数
☆	绝缘强度试验电压为 500 V
-2.5 ~5.0	直流电流和直流电压的准确度为：2.5 级（±2.5%） 交流电压和输出音频电平的准确度为：5.0 级（±5.0%）
⚠	电阻量限基准值为标度尺工作部分长度，按产品标准规定标度盘上不标志等级指数
⊓ 或 →	标度尺位置为水平的

（续）

<table>
<tr><th>符号与数字</th><th colspan="2">表示意义</th></tr>
<tr><td>[∩]</td><td>一级防外磁场能力</td><td rowspan="4">方框内数字表示防外磁场的级数，在 5 奥斯特外磁场影响下，满度误差分别为：
1 级 ±0.5%
2 级 ±1%
3 级 ±2.5%
4 级 ±5%</td></tr>
<tr><td>[Ⅱ]</td><td>二级防外磁场能力</td></tr>
<tr><td>[Ⅲ]</td><td>三级防外磁场能力</td></tr>
<tr><td>[Ⅳ]</td><td>四级防外磁场能力</td></tr>
<tr><td>Ω</td><td colspan="2">测量直流电阻的刻度</td></tr>
<tr><td>DCV A 或“－”</td><td colspan="2">测量直流电压或电流的刻度</td></tr>
<tr><td>ACV 或“～”</td><td colspan="2">测量交流电压的刻度</td></tr>
<tr><td>DB</td><td colspan="2">测量输出电平的刻度</td></tr>
<tr><td>[HFE]</td><td colspan="2">测量晶体管 β 值的刻度</td></tr>
<tr><td>ICEO</td><td colspan="2">测量晶体管穿透电流的刻度</td></tr>
<tr><td>20 kΩ/V　0.15～220 V　DC</td><td colspan="2">直流电压档级的灵敏度为 20000 Ω/V（直流电压范围为 0.15～220 V）</td></tr>
<tr><td>9 kΩ/V　AC &(500～1500 V　DC)</td><td colspan="2">交流电压档级的灵敏度为 9000 Ω/V（被测电压还包括直流 500～1500 V 电压）</td></tr>
</table>

3. 万用表的工作原理及使用

万用表是由电流表、电压表和电阻表等各种测量电路通过转换装置组成的综合性仪表。了解各测量电路的原理也就掌握了万用表的工作原理，从而有助于掌握其使用，并了解其使用中产生的误差。各测量电路的原理基础就是欧姆定律和电阻串并联规律。下面分别介绍万用表各种功能的测量电路工作原理及使用。

（1）直流电流的测量

1）测量直流电流的原理

① 扩程原理：表头并联分流电阻

一只磁电系表头只能测量小于它的灵敏度的电流。为了扩大电流表的量程，可依据并联分流电阻的方法，在表头两端并上分流电阻 R_S，如图 2-2 所示，使流过表头的电流仅为整个被测电流的一部分。由并联分流原理可知，量限越大，在表头两端并联的分流电阻 R_S 应该越小；反之，量限越小，在表头两端并联的分流电阻 R_S 越大。

图中 R_0 是表头支路的调整电阻，主要用于调整由于生产上的原因造成的表头内阻误差。另外，为了设计计算方便，也常把整个表头支路的电阻调整为某一整数值。

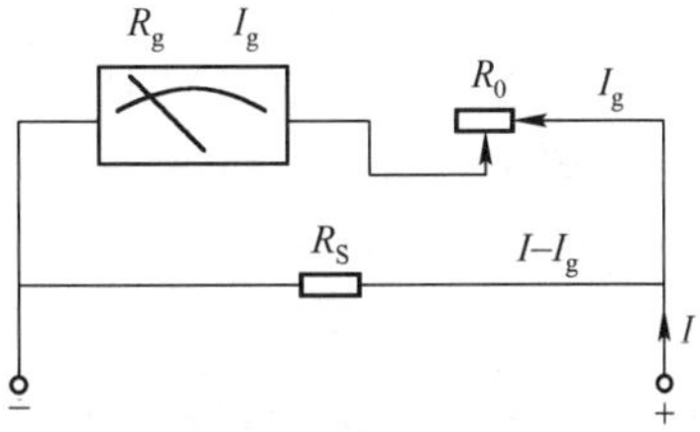

图 2-2　电流表并联电阻分流原理图

例如，一只表头的灵敏度 I_g 为 42 μA，表头支路的总电阻约为 18 kΩ，若待测电流 I 为 500 mA，则流经分流电阻的电流应为

$$I_S = I - I_g = 500\ \text{mA} - 42\ \mu\text{A} = 499958\ \mu\text{A}$$

根据并联关系，可以算出所需的分流电阻为

$$R_S = \frac{42 \times 10^{-6} \times 18 \times 10^3}{499958 \times 10^{-6}} \approx 1.5\ \Omega$$

也就是说，将表头两端并联一个阻值为 1.5 Ω 的电阻后，当表头满偏时，电表此时总的可测电流为 500 mA。

通常我们把表头加上分流电阻组成的电路简称为电流表。

② 基本电路：闭路抽头转换式分流电路

为了在测量大小不同的电流时保证一定的测量准确度，电流表一般都设计成多量限式。实际测量电路一般为闭路抽头转换式电路，如图 2-3 所示。

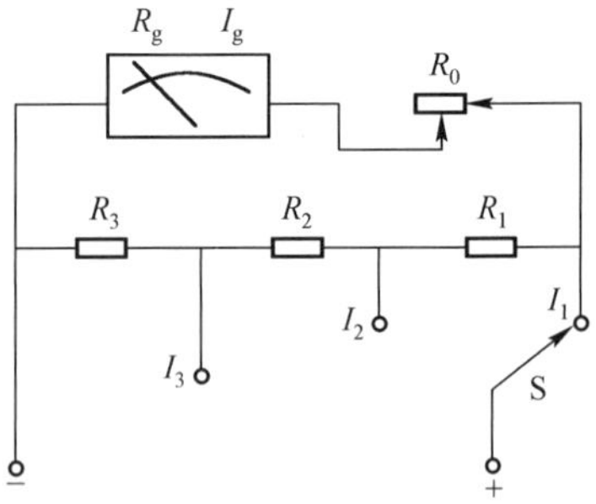

图 2-3　闭路抽头转换式电流表电路

这种电路的特点是，各量限分流电阻与表头内阻相互串联，形成一个闭合回路。将各分流电阻之间的抽头与电流各量程接点连接，通过开关即可选择直流电流的不同量程。闭路抽头转换式电路的优点是：

- 电路接通时，虽然量程不同，但因表头动圈回路电阻的阻值总是一样的，始终为$R_S + R_0 + R_g$，所以各量程的阻尼作用相同。
- 开关接触电阻是串联在总的测量线路中的，所以引起的误差很小。
- 当开关失灵接触不良时，总电路不通，不会导致烧毁表头。

2）直流电流表的使用方法

① 正确地选择量程

根据被测电流的大小，选择直流电流档相应的量程，将量程开关预置好。量程选得过小，会造成打表，严重的还会损坏表头；量程选得太大，将增大其测量误差。

② 正确地连接电路

测量直流电流时，应注意此时万用电表应与被测支路中的电阻 R_{fz}成串联关系，如图 2-4 所示。因此测量时应按如下步骤进行：

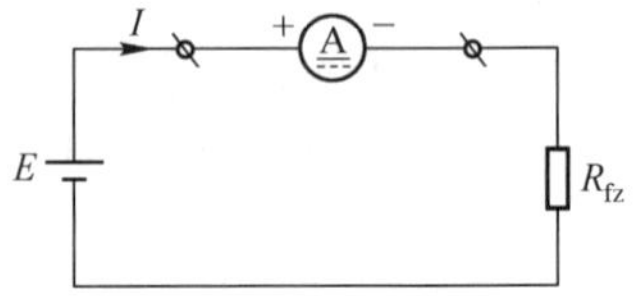

图 2-4　电流表串入被测支路

第一步　先将被测支路断开。特别注意，如果被测支路没有断开，就无法将电流表串入支路。

第二步　判断被测支路电流的实际方向。

第三步　从断点处将万用电表接入电路。红色表笔接于电路的高电位端，黑色表笔接于电路的低电位端。使被测电路的电流由万用表的红色表笔流入，黑色表笔流出。

③ 正确地读数

首先选择相应的标度尺，然后注意配合量程确定标度尺上的刻度目前代表的单位，再行读数。

3）直流电流表内阻对被测电流值的影响

当电流表串联接入被测支路时，电流表本身所具有的内阻必然要使该支路的电流值减小一点，引起测量误差。

电流表的等效内阻就是电表正负两表笔之间呈现的表内电阻。其数值可由各直流电流档量限的分流电阻与其表头支路电阻并联后求出。不同的量限，其电流表的等效内阻也不同。

量限越高，内阻越小；量限越低，内阻越大。因此造成的误差也不同。

利用图 2-5 分析电流表接入被测电路的影响。

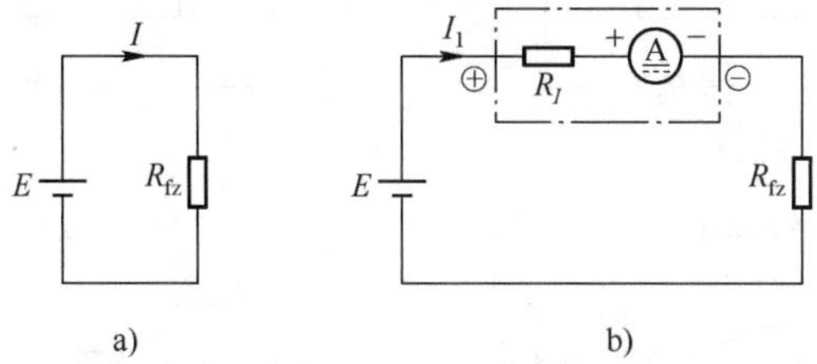

图 2-5　电流表接入被测电路的影响

图 2-5a 中电源电压为 E，R_{fz} 为负载电阻。测量前电路中的电流理论值为 $I=E/R_{fz}$。

图 2-5b 中虚线框内表示接入一只实际电流表，由内阻为零的理想直流电流表和内阻 R_I 串联组成。当实际的电流表串入电路后，它的内阻 R_I 使电路中的总电阻增加，因而电路中电流减小到 I_1，此时 $I_1=E/(R_{fz}+R_I)$。

由电流表接入引起的相对误差为

$$r_I\%=\frac{I_1-I}{I}\times100\%=\frac{\frac{E}{R_{fz}+R_I}-\frac{E}{R_{fz}}}{\frac{E}{R_{fz}}}\times100\%=-\frac{1}{1+\frac{R_{fz}}{R_I}}\times100\%$$

由上式可知，电流表的内阻 R_I 越小，$|r_I|$ 也越小。当满足 $R_I\leqslant0.01R_{fz}$ 时，$|r_I|\leqslant1\%$，此项可以忽略。但当 R_I 与 R_{fz} 比较接近时，会引起很大的误差。

通常情况下，当被测电路的总电阻比万用表内阻大 100 倍时，不必考虑其影响。

(2) 直流电压的测量

1) 测量直流电压的原理

① 扩程原理：串联分压电阻

一只灵敏度为 I_g，内阻为 R_g 的电流表或表头，本身就是一只量限为 $I_gR_g=U_g$ 的电压表，但是可测的电压通常很小，如图 2-6a 所示。为了扩大它的量限，可依据串联电阻分压的原理，在直流电流表的电路中串上分压电阻。电压量限越大，所需串联的分压电阻也越大。

如图 2-6b 所示为一只 50 μA 的电流表，其内阻为 2.3 kΩ，它能测量的电压量限为

$$U'_g=I'_gR'_g=50\times10^{-6}\times2.3\times10^3\ \text{V}=0.115\ \text{V}$$

如果在图 2-6b 中串接一只 17.7 kΩ 的分压电阻，变成图 2-6c，将电压量限扩展为

$$U_1=I'_g(R'_g+R_F)=50\times10^{-6}\times(2.3+17.7)\times10^3\ \text{V}=1\ \text{V}$$

如果在图 2-6b 中串接一只 197.7 kΩ 的分压电阻，成为图 2-6d，将电压量限扩展为

$$U_{10}=I'_g(R'_g+R_F)=50\times10^{-6}\times(2.3+197.7)\times10^3\ \text{V}=10\ \text{V}$$

上述将 50 μA 电流表的电压量限 0.115 V 扩展为 1 V、10 V 时，直流电压表所应具有的内阻 $R_V=R'_g+R_F$ 分别为 20 kΩ、200 kΩ，由此得出直流电压灵敏度 K_V 的定义为

$$K_V=\frac{\text{电压表内阻}\ R_V}{\text{电压档量限}}$$

式中，K_V 的单位是 kΩ/V，其数值一般标在万用表的表盘上。由这一指标，可以很方便地

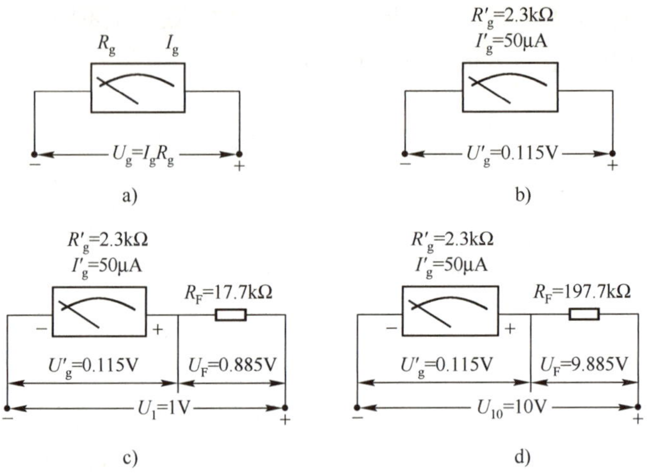

图 2-6　电压表扩程原理

计算出这只万用表其他各电压档的内阻。如，已知上述 $K_V=20\ k\Omega/V$，则该表 50 V 直流电压量程的内阻为 $R_V=50\ V\times K_V=50\ V\times 20\ k\Omega/V=1\ M\Omega$。

另外，交流电压档有着类似的交流电压灵敏度指标。

② 基本电路形式

直流电压档分压电阻的连接形式一般有单独接线式和累加抽头式。

单独接线式电路的优点是分压电阻各自独立，调整方便。如图 2-7 中 R_7 电阻。

在累加抽头式电路中，某一档的分压电阻是该档以前的几只电阻之和。它的优点，一是除了最低档之外，其他档位的元件数值均为整数，利于元件的选择；二是对于电压较高的档位，几只电阻分担压降，较之于单独接线式电路，减少了每只电阻的功耗和体积。如图 2-7 中 R_8、R_9、R_{10}、R_{11} 电阻。

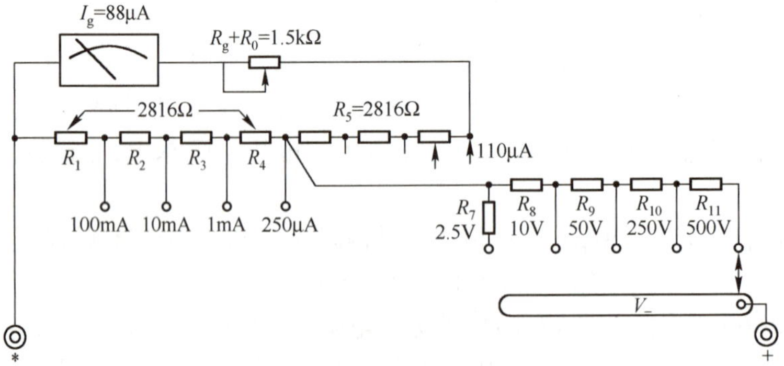

图 2-7　某万用表的直流电压测量电路

2）直流电压表的使用方法

① 正确地选择量程

根据被测电压的大小选择适当的量程。例如，一被测电压约为 12 V，测量时应选 50 V 档。若选择 10 V 档，显然量程偏小，将引起打表；若选择 250 V 档，量程偏大，将增大刻度误差。

② 正确地连接电路

测量直流电压时应将万用表并联在被测支路两端，如图 2-8 所示。红色表笔应接在被测支路的高电位端，黑色表笔接在被测支路的低电位端。

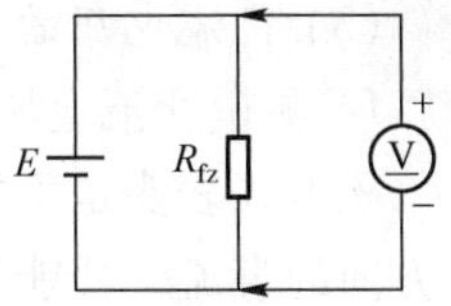

图 2-8　万用表并接在被测量两端

③ 正确地读数

测量直流电压时应当选择与直流电流共用的一行标度尺。同时注意配合量程，确定标度尺上的刻度目前代表的单位，再进行读数。

3）直流电压表内阻对被测电压值的影响

当直流电压表并联在被测支路两端时，电压表本身的内阻也同时并联接入电路了。由于这个内阻不是理想的无穷大，因此结果必然使被测支路总的等效电阻减小，同时将影响整个电路原有的工作状态及各部分电压的分配关系，通常测得的电压值比实际值小。

直流电压表的等效内阻就是电表正负两表笔之间呈现的表内电阻。量限越大，表的内阻越大；反之则小。因此，不同的量程造成的误差也不同。

直流电压档各档内阻的计算方法有两种。一是根据测量电路原理图中各电阻串并联关系来计算。二是根据直流电压灵敏度的指标计算。直流电压档的量程一旦确定，该量程的内阻也就确定了。考虑内阻时应注意目前所使用的量程。

例如，要测量一个 28 V 的直流电压，需选用 50 V 量程，已知该型号万用表的直流电压灵敏度 K_V 为 5 kΩ/V，则该档内阻应为 $R_V = 50\ \text{V} \times 5\ \text{k}\Omega/\text{V} = 250\ \text{k}\Omega$。

千万不要错以为 $R_V = 28\text{V} \times 5\ \text{k}\Omega/\text{V} = 140\ \text{k}\Omega$。

利用图 2-9 分析实际电压表接入被测电路后造成的测量误差。

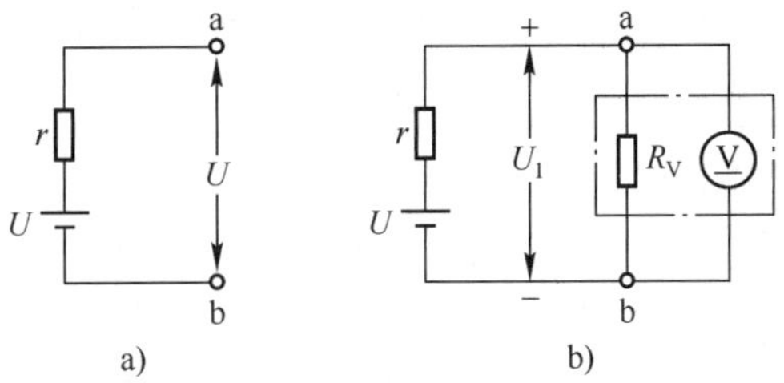

图 2-9　电压表并接测量的影响

图 2-9a 是未接电压表时的等效电路，由电源 U 和等效电阻 r 组成。当 ab 两端未接电压表时电压为 U。将实际电压表并接在电路 ab 两端，如图 2-9b 所示，万用表此时读数为

$$U_1 = \frac{R_V}{r + R_V} U$$

相对误差为

$$r_U\% = \frac{U_1 - U}{U} \times 100\% = \frac{\frac{R_V}{r + R_V} U - U}{U} \times 100\% = -\frac{1}{1 + \frac{R_V}{r}} \times 100\%$$

电压表的内阻 R_V 越大，$|r_U|$ 越小。当电路满足条件 $R_V \geqslant 100r$ 时，$|r_U| < 1\%$，测量误差可以忽略；当被测电路的内阻很高，可以与 R_V 比拟时，测量误差将增大。

当万用表的内阻比被测电压的内阻大 100 倍时，不必考虑万用表接入时的影响。

(3) 交流电压的测量

1）测量交流电压的原理

磁电式表头是不能直接用来测量交流电压的，必须在电路中配以整流电路，把交流变成单方向的直流，才能进行测量。万用表中，一般采用点触型二极管做整流元件，如 $2AP_9$ ~ $2AP_{10}$。且大多采用半波整流电路，如图 2-10 所示。

从电路 a、b 两点来看，VD_1与表头串联，VD_2与电路并联。当 a、b 两端加交流电压的正半周时，交流电通过 a→VD_1→“+表头-”→b 成回路；负半周时，交流电通过 b→VD_2→a 成回路，不通过表头。因此在每一周期中，只有半个波形通过表头，使指针偏转，称为半波整流（由于交流电频率为 50 Hz，表头运动部分有惯性的原因，使指针不能随正半周有电流通过，负半周没有电流通过而摆动，指针偏转角度与半波整流电流的平均值呈正比)。

指针式万用表中常用的半波整流电路如图 2-11 所示。表头串联的 R_1、R_2、R_3是扩大量程的分压电阻，分压原理与直流电压表分压原理相同。

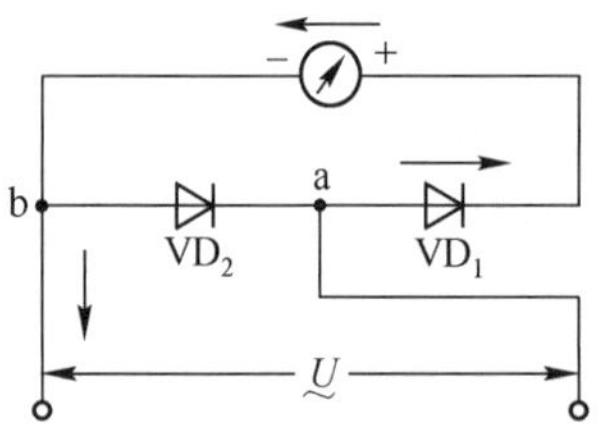

图 2-10 半波整流电路及波形

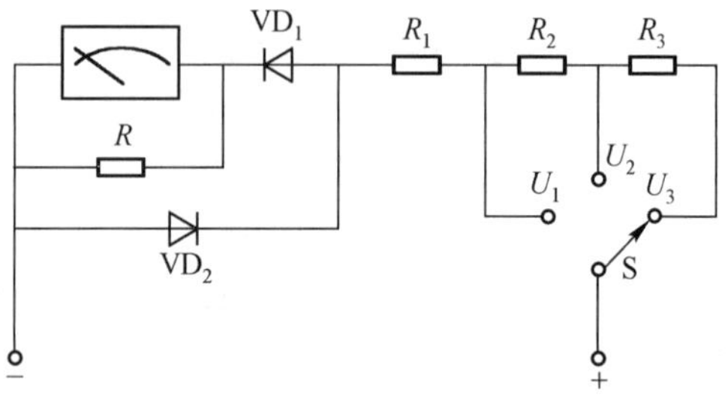

图 2-11 指针式万用表中常用的半波整流电路

2）交流电压表使用注意事项

测量交流电压的方法与测量直流电压相似，正确选择量程后，将交流电压表并联在被测支路两端进行测量，此处不再详细讨论。使用中需要特别注意以下几点：

① 通常交流电源的内阻都比较小，所以对万用表的交流电压灵敏度要求不高。

② 一般交流电压档仅将最小电压量程单独设立一行标度尺，以减小整流元件带来的测量误差。其余大部分量程与直流电压、直流电流共用一行标度尺。

③ 整流系仪表的标尺是按正弦量有效值来刻度的，万用表测交流电压时，其读数是正弦交流电压的有效值，如测量非正弦交流电，会产生大的误差。

④ 交流电压表测量的频率范围为 45 ~ 1000 Hz。超过这一范围测量误差将增大。

(4) 电阻的测量

1）测量电阻的原理

万用表测量电压、电流时，被测电路都是带电的，有电流通过万用表使指针偏转，从而指示出电压、电流值。但当用万用表测量元件电阻值，或测量电路某两点间的电阻值时，这些元件或部分电路是不带电的，所以测量电阻值时必须加电源。指针式万用表一般用干电池做电源。被测元件电阻值小，通过表头电流大，指针偏转角度大；被测元件电阻值大，通过表头电流小，指针偏转角度小。这样，就可以根据指针偏转角度读出被测元件的电阻值。

电阻测量原理电路如图 2-12 所示。其中，R_x为被测元件，E 为干电池，R 为可变电阻器。被测元件接在红、黑表笔间，使电路闭合，表头有电流通过，指针会偏转一个角度。R_x越小，指针的偏转角度越大。所以欧姆档表盘刻度线最右端满刻度为 0 Ω，而欧姆档左端电流为零时，电阻值为无穷大。

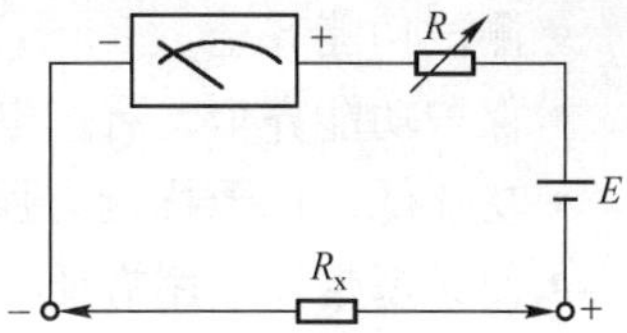

图 2-12　万用表欧姆档测量电阻原理电路

当待测电阻 R_x为零，即红黑表笔短接时，通过表头的电流最大。此时，调节可变电阻器，可以使通过表头的电流恰好为满度电流 I_g。这时，指针指在欧姆档刻度线 0 Ω 的位置。这个过程称为“调零”。

当待测电阻 R_x为无穷大，即红黑表笔开路时，表头中没有电流通过，指针不偏转，指针所指示点为欧姆刻度线的∞点。

当待测电阻 R_x为电阻表等效内阻时，表头通过的电流为 I_g的一半，因而指针应指在电阻刻度线的正中央位置上，该阻值称为“中值电阻”。由前面的分析可知，电阻表测量范围为 0 ~ ∞，要从刻度线上读出这么大范围的电阻值是非常困难的。另外，由于通过表头的电流值与被测电阻的阻值并不呈线性关系，因此，欧姆档的刻度线是不均匀刻度的，仅在中值电阻附近，测量误差才比较小，读到的电阻值才比较准确。由此可知，用电阻表测量元件电阻时，应选用适当量程，使指针尽量落在欧姆档刻度线的中央区域，以减小测量误差。

2）电阻表的使用方法

① 断开相关电路。使用电阻表测量电阻之前，应先将被测电路中电源断开；电路中若接有电容器，应先进行放电；与被测对象相并联的其他元件或电路应断开。

② 正确选择倍率。根据被测电阻阻值，将量程开关旋至相应的档位，为了测量准确度，应尽量使被测电阻阻值指示在中值电阻附近一段区域。一般电阻表的正常读数区域在全标度尺的 20% ~80% 的弧长范围内。

③ 调零。将正负两表笔短路，旋转调零电位器，使电表指针指在 0Ω。如果在最小倍率档无法调零，则说明干电池的电压已经太低，需要换新电池。测量过程中如果更换档位，需要重新调零。

④ 测量。将表笔并接在被测对象两端，注意不要两手同时触及表笔或电阻两端，以免将人体电阻并入被测电路。

⑤ 读数。仔细从测量电阻的一行标度尺上读出表针指示的数值，再乘以量程开关上所指示的倍率值。

2.1.2　数字万用表的原理与使用

数字万用表是采用集成电路模/数转换器和液晶显示器，将被测量的数值直接以数字形式显示出来的一种电子测量仪表。

1. 数字万用表的主要特点

- 数字显示，直观准确，无视觉误差，并具有极性自动显示功能。
- 测量精度和分辨率都很高。
- 输入阻抗高，对被测电路影响小。
- 电路的集成度高，便于组装和维修，使数字万用表的使用更为可靠和耐久。

- 测试功能齐全。
- 保护功能齐全，有过电压、过电流保护，过载保护和超输入显示功能。
- 功耗低，抗干扰能力强，在磁场环境下能正常工作。
- 便于携带，使用方便。

2. 组成与工作原理

数字万用表是在直流数字电压表的基础上扩展而成的。为了能测量交流电压、电流、电阻、电容、二极管正向电压降、晶体管放大系数等电量，必须增加相应的转换器，将被测电量转换成直流电压信号，再由 A/D 转换器转换成数字量，并以数字形式显示出来。数字万用表的基本结构如图 2-13 所示。它由功能转换器、I/U 转换器、A/D 转换器、Ω/V 转换器、LCD（LED）显示器、电源和量程转换开关等构成。

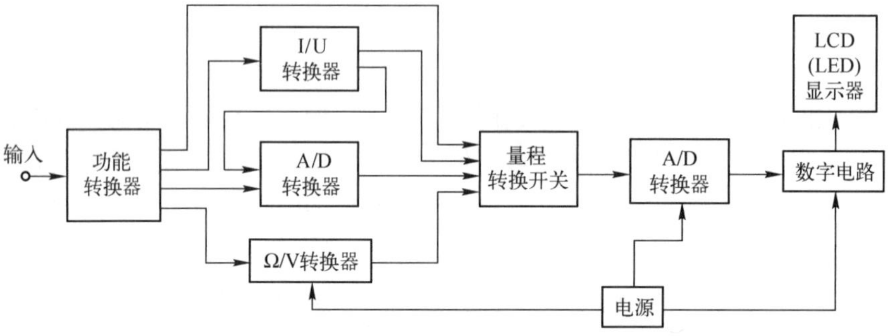

图 2-13　数字万用表基本结构

常用的数字万用表显示数字位数有三位半、四位半和五位半之分。对应的数字显示最大值分别为 1999、19999 和 199999，并由此构成不同型号的数字万用表。

2.1.3　UT39C 型数字万用表

1. UT39C 型数字万用表简介

UT39C 型数字万用表是一种操作方便、读数准确、功能齐全、体积小巧、携带方便、用电池作电源的手持袖珍式大屏幕液晶显示三位半数字万用表。该仪表可用来测量直流电压/电流、交流电压/电流、电阻、二极管正向电压降、晶体管 h_{FE} 参数、电容容量、信号频率、温度及电路通断等。

UT39C 型数字万用表的面板如图 2-14 所示。

2. 使用方法

（1）直流电压测量

① 将黑色表笔插入 COM 插孔，红色表笔插入 VΩ 插孔。

② 将功能开关置于 $\overline{\text{V}}$ 量程范围，并将表笔并接在被测负载或信号源上。在显示电压读数时，同时会指示出红表笔的极性。

注意：

- 在测量之前不知被测电压的范围时应将功能开关置于高量程档后逐步降低。

图 2–14　UT39C 型数字万用表面板

- 仅在最高位显示“1”时，说明已超过量程，需调高一档。
- 不要测量高于 1000V 的电压，虽然有可能读得读数，但可能会损坏内部电路。
- 特别注意在测量高电压时，应避免人体接触到高压电路。

（2）交流电压测量

① 将黑表笔插入 COM 插孔，红表笔插入 VΩ 插孔。

② 将功能开关置于 V ~ 量程范围，并将测试笔并接在被测量负载或信号源上。

注意：

- 同直流电压测试注意事项前三项。
- 不要测量高于 750 V 有效值的电压，虽然有可能读得读数，但可能会损坏万用表内部电路。

（3）直流电流测量

① 将黑表笔插入 COM 插孔。当被测电流在 200 mA 以下时红表笔插 mA 插孔；如被测电流大于 200 mA，则将红表笔移至 A 插孔。

② 功能开关置于 A⎓ 量程范围，测试笔串入被测电路中。红表笔的极性将由数字显示的同时指示出来。

注意：

- 如果被测电流范围未知，应将功能开关置于高档后逐步降低。
- 仅最高位显示“1”说明已超过量程，需调高量程档级。
- mA 插口输入时，过载会将内装熔丝熔断，需予以更换熔丝规格应为 2 A（$\phi5\times20$ mm）
- 20 A 插口没有用熔丝，测量时间应小于 15 s。

（4）交流电流测量

测试方法和注意事项同直流电流测量。

（5）电阻测量

① 将黑表笔插入 COM 插孔，红表笔插入 VΩ 插孔（注意：红表笔极性为“+”）。

② 将功能开关置于所需 Ω 量程上，将测试笔跨接在被测电阻上。

注意：

- 当输入开路时，会显示过量程状态“1”。
- 如果被测电阻超过所用量程，则会显示出过量程状态“1”，说明需换用高档位量程。当被测电阻在 1 MΩ 以上时，本表需数秒后才能稳定读数。对于高电阻测量这是正常的。
- 检测在线电阻时，需确认被测电路已断开电源，同时电容已放电完毕。才能进行测量。
- 有些器件有可能被进行电阻测量时所加的电流所损坏。

(6) 二极管测量

① 将黑表笔插入 COM 插孔，红表笔插入 VΩ 插孔（注意红表笔为“+”极）。

② 将功能开关置于⊣▷⊢档，并将测试表笔跨接在被测二极管上。

注意：

- 当输入端未接入，即开路时，显示过量程“1”。
- 当红表笔接在 PN 结正极时，通过被测器件的电流为 1 mA 左右。
- 本表显示值为正向电压降伏特值，当二极管反接时则显示过量程“1”。

(7) 音响通断检查

① 将黑表笔插入 COM 插孔，红表笔插入 VΩ 插孔。

② 将功能开关置于⊣▷⊢档并将表笔跨接在欲检查之电路两端。

③ 若被检查两点之间的电阻小于 30 Ω，蜂鸣器便会发出声响。

注意：

- 当输入端接入开路时显示过量程“1”。
- 被测电路必须在切断电源的状态下检查通断，因为任何负载信号都将使蜂鸣器发声，导致判断错误。

(8) 晶体管 h_{FE} 测量

① 将功能开关置于 h_{FE} 档上。

② 先认定晶体管是 PNP 型还是 NPN 型，然后再将被测管的 E、B、C 三引脚分别插入面板对应的晶体管插孔内。

③ 此表显示的是 h_{FE} 近似值，测试条件为基极电流 10 μA，U_{CE} 约 2. 8 V。

(9) 电容测量

① 将功能开关置于电容量程档。

② 将待测电容插入电容测试输入端，如被测电容短路或其容值超量程时，LCD 将显示过量程状态“1”。

③ 从显示器上读取电容容量。

注意：

所有的电容在测试前必须充分放电。

测量电容时应尽可能使用短连接线，以减少分布电容带来的测量误差。

3. 使用注意事项

① 测量电路参数时，如果需要改变万用表的测量量程，必须将测试表笔与被测电路分

离后，再改变档位，否则易损坏万用表。

② 不要接高于直流 1000 V 或有交流效值 750 V 以上的电压。

③ 切勿误接量程以免内外电路受损。

④ 仪表后盖未完全盖好时切勿使用。

⑤ 更换电池及熔丝需在拔去表笔及电池开关后进行。旋出后盖螺钉，轻轻地稍微掀起后盖并同时向前推后盖，使后盖上挂钩脱离表面壳即可取下后盖。按后盖上注意说明的规格要求更换电池或熔丝，本仪表熔丝规格为 2A，250V，外形尺寸为 ϕ5 mm × 20 mm。

2.2　直流稳压电源

直流稳压电源是将交流电转变为稳定的、输出功率符合要求的直流电的设备。各种电子电路都需要直流电源供电，所以直流稳压电源是各种电子电路或仪器不可缺少的组成部分。

2.2.1　直流稳压电源的组成及工作原理

直流稳压电源通常由电源变压器、整流电路、滤波器和稳压电路四部分组成，其原理框图如图 2-15 所示。

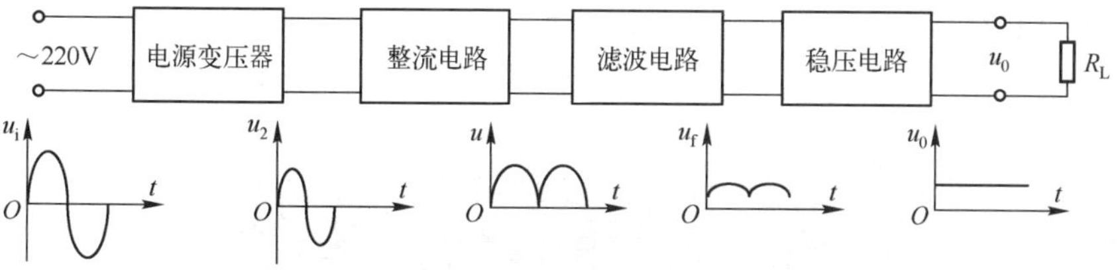

图 2-15　直流稳压电源原理框图

（1）电源变压器：将交流市电电压（AC220 V）变换为符合整流需要的数值电压。

（2）整流电路：利用二极管的单向导电性，将交流电压变换为单向脉动直流电压。

（3）滤波电路：将脉动直流电压中的交流成分滤去，形成平滑的直流电压。滤波可利用电容、电感等元件实现。

（4）稳压电路：其作用是当交流电网电压波动或负载变化时，保证输出直流电压稳定。简单的稳压电路可采用稳压管实现。目前，市场上通用的集成稳压电路也相当普遍。

2.2.2　DF1731SC3A 型直流电源

DF1731SC3A 是由二路可调式直流输出电源和一路固定输出电压源组成的高精度直流电源。其中二路可调式电源具有稳压与稳流自动转换功能。单路稳压状态电源输出电压从 0 ~ 30 V 电压值之间连续可调；稳流状态时，单路稳流输出电流能从 0 ~ 3A 电流值之间任意调整。固定输出电压源输出 5 V 电压。三组电源均具有可靠的过载保护功能，输出过载或短路都不会损坏电源。

1. 工作原理

可调电源由整流滤波电路、辅助电源电路、基准电压电路、稳压/稳流比较放大电路、调整电路及稳压/稳流取样电路等组成。其框图如图 2-16 所示。

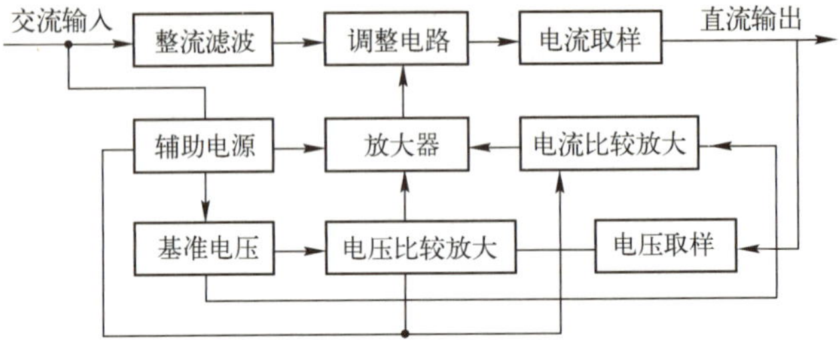

图 2-16　DF1731SC3A 型直流稳压电源组成框图

当输出电压由于电源电压或负载电流变化引起变动时，变动的信号先通过稳压取样电路与基准电压相比较，其所得误差信号经比较放大器放大后，再经放大电路控制调整管使输出电压调整为给定值。因为比较放大器由集成运算放大器组成，增益很高，因此输出端有微小的电压变动，也能得到调整，以达到高稳定输出的目的。

稳流调节与稳压调节基本一样，因此同样具有高稳定性。

固定 5 V 电源控制部分是由单片集成稳压器组成。

2. 面板控件名称及功能说明

DF1731SC3A 型直流稳压电源的面板如图 2-17 所示。

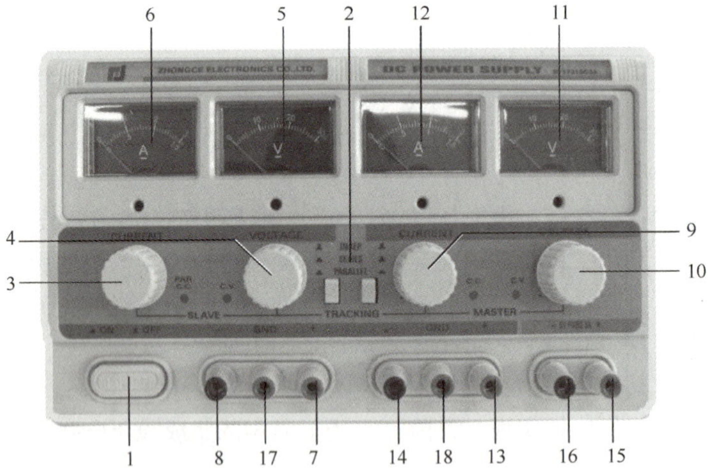

图 2-17　DF1731SC3A 型直流稳压电源面板图

【1】：电源开关。当开关被按下时（置于 ON 位），本机处于“开”状态，此时稳压指示灯（C. V.）或稳流指示灯（C. C.）点亮。

【2】：两路电源独立、串联、并联控制开关。

当两个开关都处于弹起位置时（INDEP），本机作为两个独立的可调电源使用；当左边的开关按下，右边的开关弹起时（SERIES），双路可调电源可以串联使用；当两个开关都处于按下的位置时（PARALLEL），双路可调电源可以并联使用。

【3】：第 1 路稳流输出电流调节旋钮。调节第 1 路输出电流值（如调节限流保护点）。

【4】：第1路稳压输出电压调节旋钮。调节第1路输出电压值，0～30V连续可调。

【5】：第1路电压表。指示第1路的输出电压值。

【6】：第1路电流表。指示第1路的输出电流值。

【7】：第1路直流输出正接线柱。输出直流电压的正极。

【8】：第1路直流输出负接线柱。输出直流电压的负极。

【9】：第2路稳流输出电流调节旋钮。调节第2路输出电流值（如调节限流保护点）。

【10】：第2路稳压输出电压调节旋钮。调节第2路输出电压值，0～30V连续可调。

【11】：第2路电压表。指示第2路的输出电压值。

【12】：第2路电流表。指示第2路的输出电流值。

【13】：第2路直流输出正接线柱。输出直流电压的正极。

【14】：第2路直流输出负接线柱。输出直流电压的负极。

【15】：固定5V直流电源输出正接线柱。输出固定5V电压的正极。

【16】：固定5V直流电源输出负接线柱。输出固定5V电压的负极。

【17】【18】：本机公共地。

3. 双路可调稳压源的使用方法

1）将【2】置于两个开关都弹起（INDEP）的位置。此时，第2路和第1路作为两路独立的稳压源使用。本节以第1路为例，介绍调节电压的过程。（当仪表上无【2】时，本步操作可跳过）。

2）设定限流保护点。按下电源开关【1】，逆时针调整电流调节旋钮【3】至最小，此时稳流指示灯（C.C.）点亮。然后短接【7】、【8】，并顺时针调整电流调节旋钮【3】，使输出电流等于所要求的限流保护点电流。此后，电流调节旋钮【3】不应再调整。

3）设定所需电压：断开短接线，调节电压旋钮【4】，至电压表【5】上显示所需的电压值。此时，稳压指示灯（C.V.）点亮。

4）输出直流电压：从【7】、【8】输出直流电压。

第2路电压的调整方法与第1路类似。

4. 使用注意事项

1）若电源只带一路负载，为延长机器的使用寿命，请使用在第2路上。

2）两路可调输出电源和一路固定5V输出电源均没有限流保护功能，但当输出端短路时，应尽早发现并切断电源，排除故障后再使用。

2.3　信号发生器

2.3.1　信号发生器的一般知识

1. 概述

信号发生器按其输出波形可分为正弦信号发生器、脉冲信号发生器、函数信号发生器、噪声信号发生器等，常用的是前三种信号发生器。按输出信号频率范围分类，则可以分为低频信号发生器、高频信号发生器、超高频信号发生器等。

信号发生器一般应满足如下要求：具有较宽的频率范围，且频率可连续调节；具有较高的频率准确度和稳定度；在整个频率范围内具有良好的输出波形，即波形失真要小；输出电压可连续调节，且基本不随频率的改变而变化。

2. 函数信号发生器/计数器的组成及工作原理

函数发生器常用电路的组成框图如图 2-18 所示。主要由恒流源控制电路、正/负电流源、电流开关、时基电容 C、方波形成电路、正弦波形成电路、放大电路等部分组成。

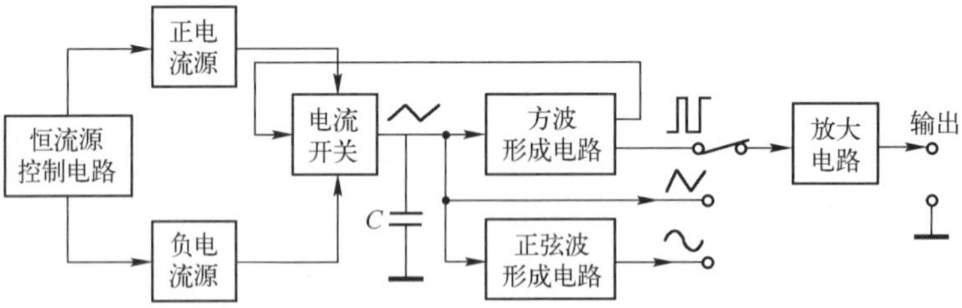

图 2-18 函数发生器常用电路组成框图

正负电流源在电流开关控制下，对时基电容 C 进行恒流充电和恒流放电。当电容恒流充电时，电容上的电压随时间线性增长$\left(u_c = \dfrac{Q}{C} = \int_0^t i\mathrm{d}t/C = \dfrac{It}{C}\right)$；当电容恒流放电时，电容上的电压随时间线性下降。这样，就可以在电容两端得到三角波电压。该电压经方波形成电路可以得到方波，经正弦波形成电路可以转变为正弦波。最后经放大电路放大后输出。

恒流源控制电路用来改变电流源的电流，进而改变三角波的频率。

2.3.2 EE1641D 型函数信号发生器/计数器

函数信号发生器/计数器是一种精密的测试仪器。作为信号发生器，它可输出连续信号、扫频信号、函数信号、脉冲信号、单脉冲等多种信号，并且具有外部测频功能。它的输出可以是正弦波、矩形波或三角波等基本波形，还可以是锯齿波、脉冲波等非对称波形，各种波形均具有扫描功能。使用频率范围为 0.2 Hz ~ 2 MHz。同时具有功率输出功能，以满足带载需要。输出电压的大小和频率都可以调节，所以它是一种用途广泛的通用仪器。

1. 面板控件及功能说明

EE1641D 型函数信号发生器/计数器面板如图 2-19 所示。

【1】：电源开关。按下开关（ON），整机开始工作。

【2】：频率范围选择按钮。按动该按钮，对应的频段指示灯会点亮，从而选择所需要频率对应的频段。

【3】：频率微调旋钮。调节该旋钮可以微调输出信号的频率。

【4】：频率显示窗口。显示【2】、【3】调节的结果，即输出信号的频率，代表频率单位的指示灯也会同时点亮。

【5】：输出幅度衰减按钮。两个按钮都不按下时，输出信号不衰减，直接从【9】输出；当按下 20 dB 按钮时，信号幅度衰减 10 倍输出；按下 40 dB 按钮时，信号的幅度衰减 100 倍

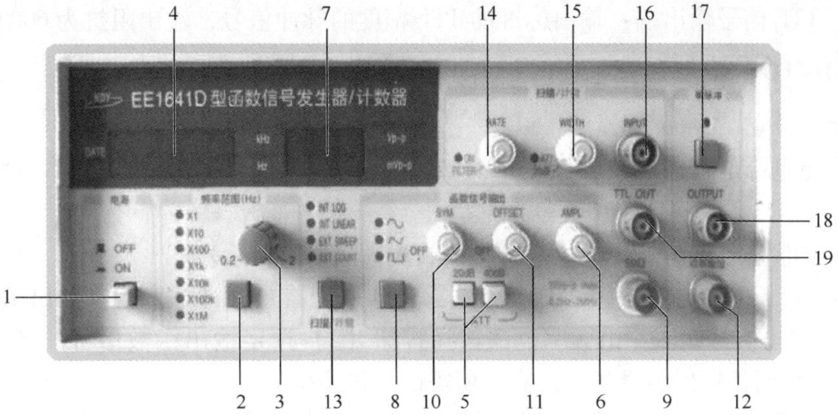

图2-19 EE1641D型函数信号发生器面板图

输出；同时按下两个按钮，信号的幅度衰减1000倍输出。

【6】：输出幅度调节旋钮。改变输出信号的幅度，最大不超过10V（峰-峰值）。

【7】：幅度显示窗口。显示【5】、【6】调节的结果，即输出信号的幅度，代表幅度单位的指示灯也会同时点亮。

【8】：输出波形选择按钮。按动该按钮，可以选择正弦波、三角波、矩形波，对应的波形指示灯会点亮。

【9】：函数信号输出端口。函数波形信号输出端，阻抗为50 Ω。

【10】：波形对称性调节旋钮（SYM）。调节该旋钮可以改变输出信号的对称性，调整范围为20% ~80%。当该旋钮逆时针旋到底处在“OFF”位或中心位置时，可以输出对称信号波形，如方波。

【11】：直流偏置预置旋钮（OFFSET）。可调节的范围为 -5 V ~5 V。当该旋钮逆时针旋到底处在“OFF”位或中心位置时，直流电平为0 V。

【12】：功率输出端。提供大于4 W的音频信号功率输出。此功能仅对×100、×1 k、×10 k档有效。

【13】：“扫描/计数”按钮。可选择多种扫描方式和外测频方式。

【14】：扫描宽度调节旋钮。调节此电位器可以改变内扫描输出信号变频的时间，即变频信号从f_1变至f_2变至f_3、f_4、f_5…f_n所需的时间。在外测频时，逆时针旋到底（绿灯亮），表示外输入测量信号经过低通开关进入测量系统。

【15】：扫频范围调节旋钮。调节此电位器可调节扫频输出信号的扫频范围，即在某一段时间内f_1变至f_n的扫频信号的频率范围。顺时针旋转，扫频范围大，即输出信号频率从低到高由f_1变至f_n范围大，反之相反，逆时针旋到底处于锁定位，函数输出单一频率信号。在外测频时，逆时针旋到底（绿灯亮），表示外输入测量信号经过衰减“20 dB”进入测量系统。

【16】：外部输入插座。当“扫描/计数”功能选择在外扫描状态或外测频功能时，外扫描控制信号或外测频信号由此输入。

【17】：单脉冲按钮。控制单脉冲输出，每按动一次此按钮，单脉冲输出电平翻转一次。

【18】：单脉冲输出端。单脉冲由此端口输出。

【19】：TTL 信号输出端：输出标准的 TTL 幅度的脉冲信号，输出阻抗为 600 Ω。

2. EE1641D 的使用方法

（1）初步检查

检查电源电压是否满足仪器的要求（220 V ± 220V × 10%）。开机时，本机将自动进行校准。

（2）函数信号输出正弦波、三角波（锯齿波）、脉冲波（方波）

1）输出连线：以测试电缆（或终端连接 50 Ω 匹配器），由插座【9】输出函数信号。

2）调整输出信号频率：由频率范围选择按钮【2】选定输出函数信号的频段，由频率微调旋钮【3】调整输出信号频率，直到所需的工作频率值。

3）选定波形：用输出波形选择按钮【8】选定输出函数的波形，分别获得正弦波、三角波、脉冲波。

4）调整输出信号电压：由输出幅度调节旋钮【6】选定和调节输出信号的幅度，信号的大小可由示波器读测，或由幅度显示窗口指示。若需输出信号电压较小时，可按下输出幅度衰减按钮【5】；

5）调整输出信号电压直流分量：若需输出信号叠加直流分量，由直流偏置预置旋钮【11】调节输出信号所携带的直流电平分量。通常左旋到底，置于“OFF”位，即输出信号直流电平分量为零。

6）调节输出波形对称性（占空比）：调节波形对称调节旋钮【10】可以改变输出脉冲信号占空比，将脉冲波调变为方波，还可以将三角波调变为锯齿波。通常用于交流信号正弦波输出时，左旋到底，置于“OFF”位。

（3）音频信号功率输出

1）以测试电缆由功率输出端【12】输出正弦信号波形。输出功率≥4W。

2）扫描宽度调节旋钮【14】、扫频范围调节旋钮【15】必须左旋到底置“OFF”位，输出对称正弦波，直流分量等于零。

3）音频信号功率输出正弦波形，频率范围 15Hz ~ 40 kHz，仅对 ×100，×1 k，×10 k 档有效。

（4）TTL 脉冲信号输出

1）以测试电缆（终端不加 50 Ω 匹配器）由 TTL 信号输出端【19】输出 TTL 脉冲信号。

2）除信号电平为标准 TTL 电平外（“0”电平：≤0.8 V，“1”电平：≥1.8 V，负载电阻≥600），其重复频率、调控操作均与函数输出信号一致。

（5）单脉冲输出

1）以测试电缆（终端不加 50 Ω 匹配器）由单脉冲输出端【18】输出单脉冲信号。

2）每按动一次单脉冲按钮【17】，单脉冲输出端【18】输出电平翻转一次。绿灯亮，输出高电平（3.5 ~ 5 V），绿灯灭，输出低电平（≤0.8 V）。

（6）内扫描/扫频信号输出

1）“扫描/计数”按钮【13】选定为内扫描方式。

2）分别调节扫描宽度调节旋钮【14】和扫描速率调节旋钮【15】获得所需的扫描信号输出。

3）函数信号输出端口【9】、TTL 信号输出端口【19】均输出相应的内扫描的扫频信号。

（7）外扫描/扫频信号输出

1）“扫描/计数”按钮【13】选定为“外扫描方式”。

2）由外部输入插座【16】输入相应的控制信号，即可得到相应的受控扫描信号。

（8）频率计数器：

1）“扫描/计数”按钮【13】选定为“外计数方式”。

2）用本机提供的测试电缆，将函数信号引入外部输入插座【16】，观察显示频率与“内”测量时相同。输入测量的信号波形限定为正弦波和方波，输入测量的信号频率为 0.2 Hz ~ 2 MHz。

3）若输入测量的信号电压较大，可将扫频范围调节旋钮【15】逆时针旋到底（绿灯亮），输入测量的信号经过衰减“20 dB”进入测量系统。

2.4　交流电压表

交流电压表（俗称交流毫伏表）一般是指模拟式电压表。它是一种在电子电路中常用的测量仪表，主要用于测量正弦电压有效值。采用磁电式表头作为指示器，属于指针式仪表。

交流电压表与普通万用表相比，具有以下优点：

1）输入阻抗高：一般输入电阻至少为 500 kΩ，仪表接入被测电路后，对电路的影响小。

2）频率范围宽：适用频率范围约为几赫兹到几千兆赫兹。

3）灵敏度高：最低电压可测到微伏级。

4）电压测量范围广：仪表的量程分档可以从几百伏到 1 mV。

交流电压表按其适用的频率范围大致可分为高频电压表和低频电压表两类。

2.4.1　交流电压表的组成及工作原理

通常交流电压表先将微小信号进行放大，然后再进行测量，同时采用输入阻抗高的电路作为输入级，以尽量减少测量仪器对被测电路的影响。

交流电压表根据电路组成结构的不同，可分为放大—检波式，检波—放大式和外差式。

常用的交流电压表属于放大—检波式电子电压表。如图 2-20 所示为放大一检波式电子电压表框图。主要由衰减器、交流电压放大器、检波器和整流电源四部分组成。

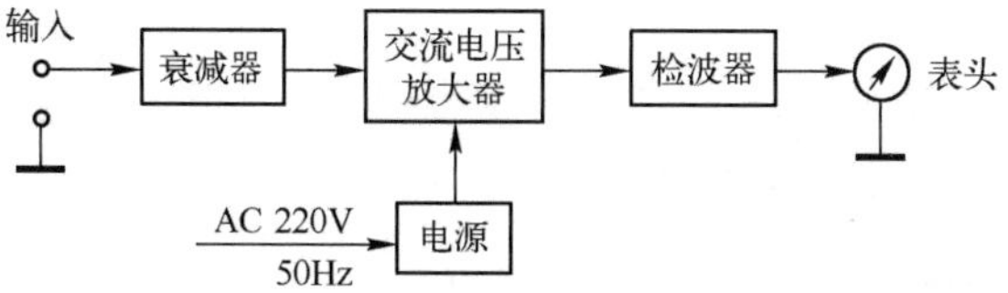

图 2-20　放大 - 检波式电子电压表框图

被测电压先经衰减器衰减到适宜交流放大器输入的数值，再经交流电压放大器放大，最后经检波器检波，变为直流流过磁电式电表，由表头指示被测电压的大小。

电子电压表表头指针的偏转角度正比于被测电压的平均值，而面板却是按正弦交流电压有效值进行刻度的，因此电子电压表只能用以测量正弦交流电压的有效值。当测量非正弦交流电压时，电子电压表的读数没有直接的意义，只有把该读数除以 1.11（正弦交流电压的波形系数），才能得到被测电压的平均值。

2.4.2　DF2175/DF2175A 型交流电压表

1. 面板控件及功能说明

DF2175/DF2175A 型交流电压表是通用型的电压表，可以测量 0.3 mV ~ 300 V、5 Hz ~ 2 MHz 范围内正弦交流电压的有效值。其面板分别如图 2-21 和图 2-22 所示。

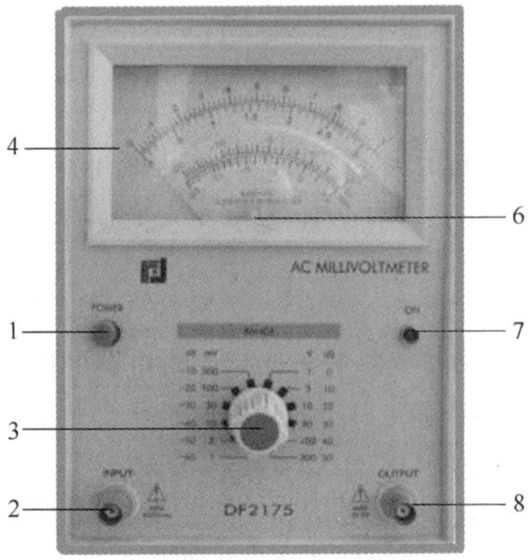

图 2-21　DF2175 型交流电压表面板图

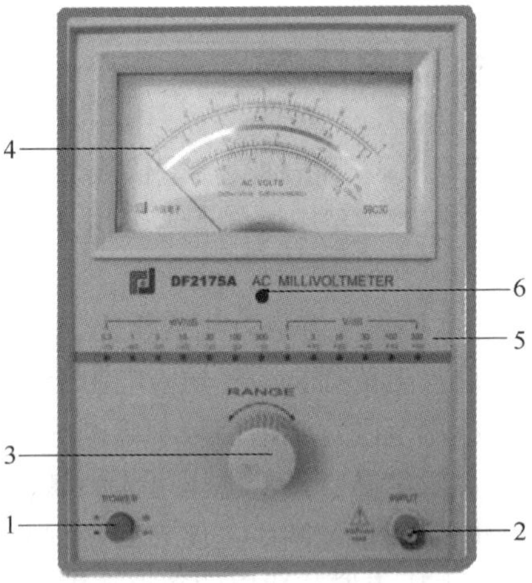

图 2-22　DF2175A 型交流电压表面板图

【1】：电源开关。按下该开关，整机开始工作。DF2175 型交流电压表上的电源指示灯【7】会同时点亮。

【2】：测量输入端口。被测信号经同轴电缆送入本机。

【3】：量程选择旋钮。

【4】：指针。配合【3】的档位和标度尺，指示被测信号的电压值。

【5】：档位指示灯。指示【3】旋钮当前所处的档位。

【6】：机械零点调整器。调整该旋钮，使指针【4】指在零位。

【7】：电源指示灯。

【8】：监视输出口。当输入电压在任何一量程档指示为满度时，监视输出端 7 的输出电压为 0.1Vrms。可依此将本仪器作为放大器使用。

2. 使用方法与注意事项

1）通电前，先调整电表指针的机械零位【6】，使表头电表指针【4】指示零位。

2）接通电源，按下电源开关【1】，电源指示灯【7】亮，预热 10 min 后使用。开机后

10 s 内指针无规律摆动数次是正常的。

3）测量时，先将量程选择旋钮【3】旋置于适当量程，再由测量输入端口【2】加入测量信号。若测量信号未知，应将量程选择旋钮旋置最大档，然后逐级减小量程。

量程选择旋钮置于 1、10、100 档位时看第一行刻度，置于 3、30、300 档位时看第二行刻度。

4）若要测量高电压时，输入端黑柄鳄鱼夹必须接在“地”端。

2.4.3　DF2170A 型交流电压表

DF2170A 型交流电压表与 DF2175/DF2175A 型交流电压表功能基本相同。

1. 面板控件及功能说明

DF2170A 型交流电压表的面板如图 2-23 所示。该毫伏表采用两组相同而又独立的线路及双指针表头，故在同一表头上可以指示两个不同交流信号的有效值。

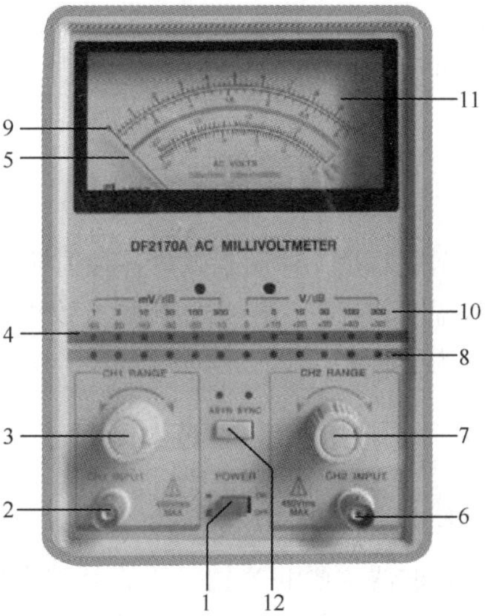

图 2-23　DF2170A 型交流电压表面板图

【1】：电源开关。按下开关，整机开始工作，各档位发光二极管自左向右依次点亮，进行自检。

【2】：被测信号第一路输入端口（CH_1 INPUT）。

【3】：第一路信号的量程选择旋钮（CH_1 RANGE）。配合【4】、【10】使用。

【4】：第一路档位指示灯。配合【10】上的数字，指示第一路信号当前选择的档位。

【5】：第一路指针。黑色指针，配合档位和标度尺，指示第一路被测信号的电压有效值。

【6】：被测信号第二路输入端口（CH_2 INPUT）。

【7】：第二路信号的量程选择旋钮（CH_2 RANGE）。配合【8】、【10】使用。

【8】：第二路档位指示灯。配合【10】上的数字，指示第二路信号当前选择的档位。

【9】：第二路指针。橘红色指针，配合档位和标度尺，指示第二路被测信号的电压有效值。

【10】：档位指示。黑色的数字代表电压的不同档位，分为 mV 和 V 两部分，红色的数字代表电平的档位。

【11】：表头。测量电压时，使用上面的两行标度尺。其中，0～1 的标度尺主要用于 1、10、100 等档位的使用；0～3 的标度尺主要用于 3、30、300 等档位的使用。

【12】：同步/异步选择按钮。当选择“异步”时，ASYN 灯亮，本机作为两路独立的电压表使用；当选择“同步”时，SYNC 灯亮，本机仅作为一路电压表使用。此时，CH_1的档位先跟随到 CH_2的档位，随后两通道的档位一致由 CH_1或 CH_2的档位选择旋钮控制。

2. 使用方法及注意事项

1）打开电源开关【1】，整机预热。

2）按下同步/异步选择按钮【12】。当测量两路信号时，选择“异步”，使 ASYN 灯亮。

3）预先估计被测电压的大小，旋转【3】、【7】至适当的档位。若无法预估，应选择最大档位，然后逐步减小。当旋转【3】时，当前的档位会在【4】上由 LED 灯显示；同样，当旋转【7】时，当前的档位会在【8】上由 LED 灯显示。（注意：【10】上，黑色字对应的是电压的档位，红色字对应的是电平的档位。）

4）将被测信号经同轴电缆，从【2】、【6】分别送入交流电压表。配合【5】、【9】的视数和当前档位，确定被测电压的数值。

量程选择旋钮置于 1 mV、10 mV、100 mV、1 V、10 V、100 V 档位时，应该读第一行标度尺。当量程选择旋钮置于 3 mV、30 mV、300 mV、3 V、30 V、300 V 档位时，应该读第二行标度尺。

2.5 电子示波器

示波器是一种用来观察各种周期性变化的信号电压波形的常用测量仪器，可用来测量电压的幅度、频率、相位、调幅指数等，而且具有输入阻抗高、频率响应好、灵敏度高等优点。为了研究几个波形间的关系，还可采用双线或多线示波器。

2.5.1 通用示波器的组成及工作原理

1. 示波器的组成

示波器主要由 Y 轴（垂直）放大器、X 轴（水平）放大器、触发器、扫描发生器、示波管及电源六部分组成，其框图如图 2-24 所示。

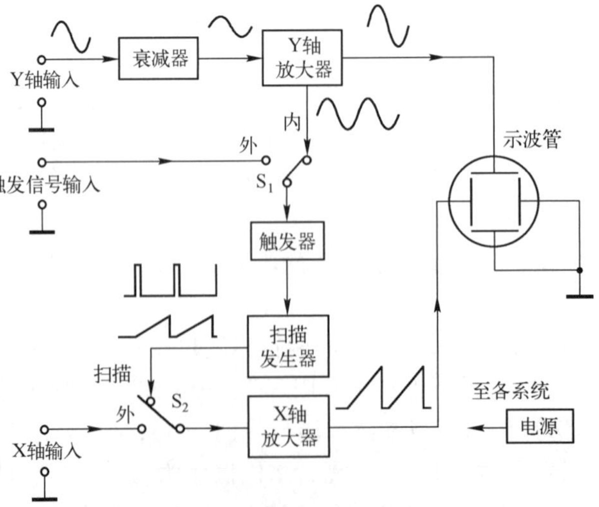

图 2-24 通用示波器的组成框图

示波管是示波器的核心。它的作用是把所观察到的信号电压变成发光图形。示波管的构造如图 2-25 所示，它主要由电子枪、偏转系统和荧光屏三部分组成。电子枪由灯丝、阴极、控制栅极、第一阳极和第二阳极组成。灯丝通电时加热阴极，使阴极发射出电子。第一阳极和第二阳极分别加有相对于阴极为数百和数千伏的正电位，使得阴极发射的电子聚焦成一束，并且获得加速，电子束射到荧光屏上就产生光点。调节控制栅极的电位，可以改变电子束的密度，从而调节光点亮暗的程度。偏转系统包括 Y 轴偏转板和 X 轴偏转板两个部分，它们能将电子束按照偏转板上的信号电压作出相应的偏转，使得荧光屏上能绘出一定的波形。荧光屏是在示波管顶端内壁上涂有一层荧光物质制成的，这种荧光物质受高能电子束的轰击会产生晖光，且具有余晖现象，即电子束轰击后产生的晖光不会立即消失，而将延续一段时间。之所以能在荧光屏幕上观察到一个连续的波形，除了人眼的残留特性外，正是利用了荧光屏余晖现象的缘故。

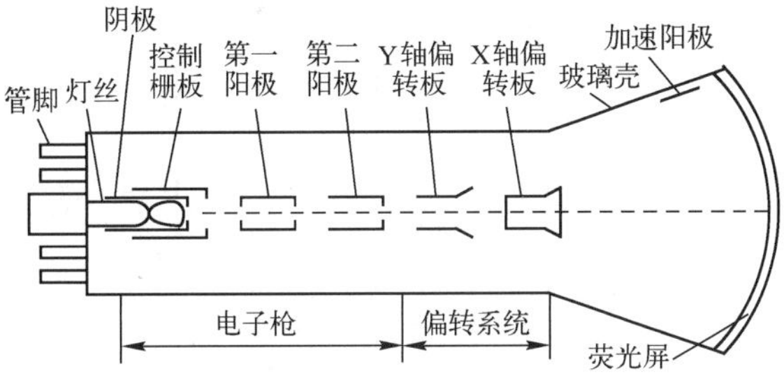

图 2-25　示波管的构造图

示波管的灵敏度比较低，如果偏转板上的电压不够大，就不能明显地观察到光点的移位。为了保证有足够的偏转电压，如图 2-24 所示，Y 轴放大器将被观察的电信号加以放大后，送至示波管的 Y 轴偏转板。

X 轴偏转板所加信号有两种，由开关 S_2 选择。一种是由外部输入一个被测信号加至 X 轴，此时示波器工作在 X－Y 输入状态，显示李沙如图形，S_2 选择外输入；另一种则是观测 Y 轴输入的信号波形，此时示波器工作在 X 扫描状态，S_2 选择扫描。

X 轴放大器的作用是将扫描电压或 X 轴输入信号放大后，送至示波管的 X 轴偏转板。

扫描发生器的作用是产生一个周期性的线性锯齿波电压－扫描电压。该扫描电压可以由扫描发生器自动产生，称为自动扫描；也可在触发器的触发脉冲作用下产生，称触发扫描。

触发器将来自内部（被测信号）或外部的触发信号经过整形，变为波形统一的触发脉冲，用以触发扫描发生器。若触发信号来自内部，称为内触发；若来自外来信号则称为外触发，由开关 S_1 选择。

电源的作用是将市电 220 V 的交流电压，转变为各个数值不同的直流电压，以满足各部分电路的工作需要。

2. 波形显示的原理

如果仅在示波管 X 轴偏转板加有幅度随时间线性增长的周期性锯齿波电压，示波管屏幕上光点反复自左移至右端，荧光屏上就出现一条水平线，称为扫描线或时间基线。如果同时在 Y 偏转板上加有被观测的电信号，就可以显示电信号的波形。显示波形的过程可用图 2-26 表示。

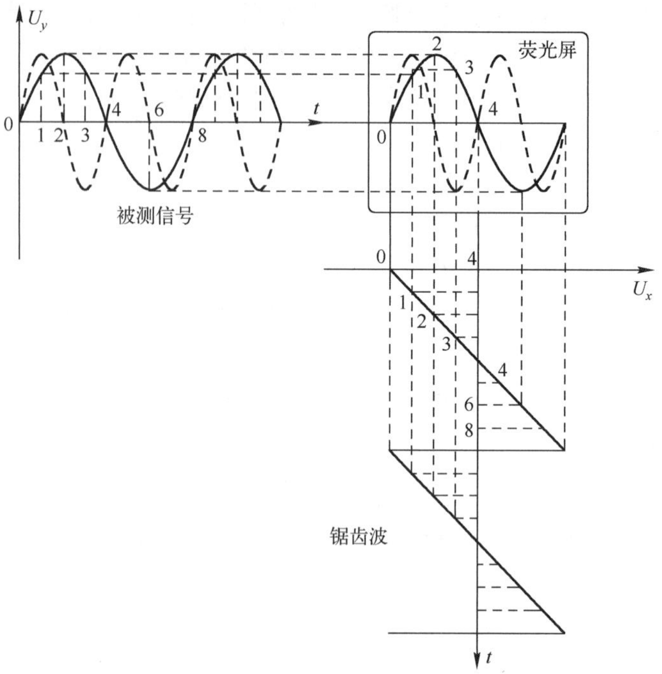

图 2-26　波形显示的原理

若被观测的信号的频率与锯齿波电压的频率相同，光点自左移至右端一次（扫描一次），荧光屏上显示一个周期的正弦波，如图 2-26 中实线部分所示。若被观测信号的频率是锯齿波电压频率的两倍，光点扫描一次，荧光屏上显示两个周期的正弦波，如图 3-26 中虚线所示，依此类推。正是由于被测信号频率与锯齿波频率保持这种严格的倍数关系，当光点再次扫描所产生的波形和上次扫描的波形完全重合，我们才见到了一个稳定的波形。

但当被测信号频率与扫描锯齿波的频率不为整数倍时，如图 2-27 所示，锯齿波第一次、第二次、第三次扫描的波形不重合，显示的波形会出现漂移。

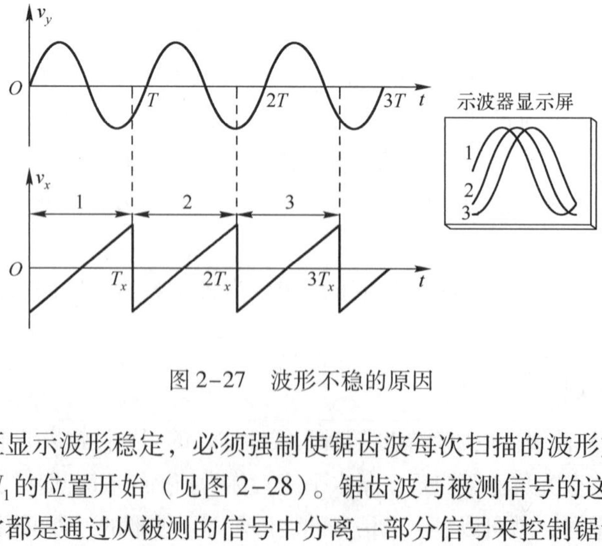

图 2-27　波形不稳的原因

因此，为了保证显示波形稳定，必须强制使锯齿波每次扫描的波形重合，即每次扫描均从被测信号电压为 U_1 的位置开始（见图 2-28）。锯齿波与被测信号的这种关系叫扫描同步。在实际电路中，通常都是通过从被测的信号中分离一部分信号来控制锯齿波的产生，在两次扫描之间插入一段等待时间，促使扫描同步。在示波器中这个电路叫同步电路或触发器。图 2-28 以输入正弦信号为例，图示了各部分的输出波形。

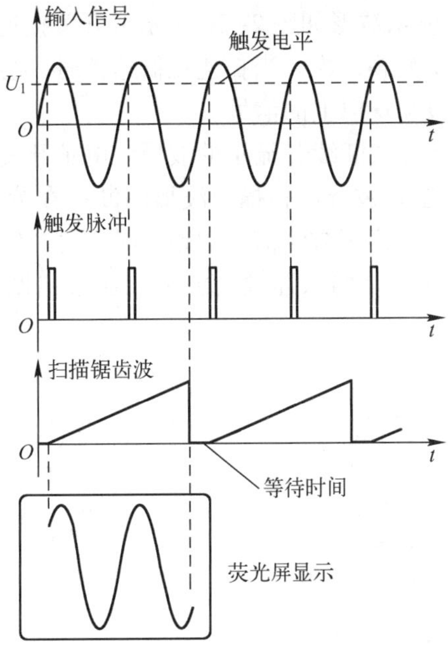

图 2-28　触发扫描稳定波形的原理

3. 双踪显示的原理

示波管只有一对偏转板，是如何同时显示两个信号波形的呢？图 2-29 为示波器 Y 轴工作原理框图。

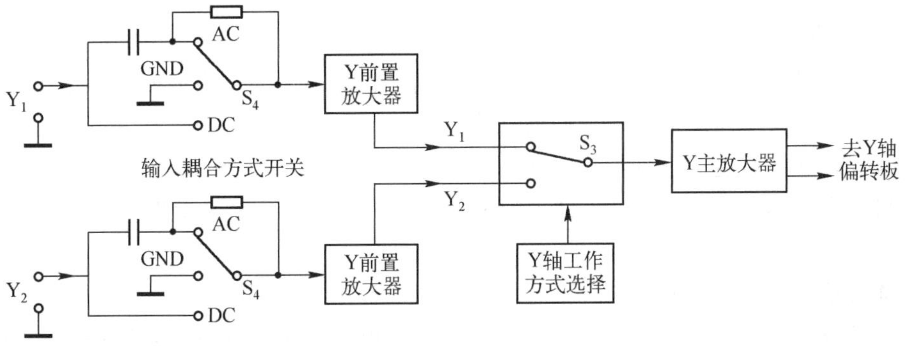

图 2-29　示波器 Y 轴工作原理框图

示波器有两个前置输入通道 Y_1、Y_2（或称为 CH_1、CH_2）。当开关 S_3 接通 Y_1，Y_1 输入的信号经电子开关 S_3 送入 Y 轴偏转板，荧光屏上显示 Y_1 的信号波形；当开关 S_3 接通 Y_2，Y_2 输入的信号经电子开关 S_3 送入 Y 轴偏转板，荧光屏上显示 Y_2 的信号波形，由此我们可以在荧光屏上观察到一个信号波形。

如果要在荧光屏上观察到两个信号波形，Y 轴工作方式选择交替“ALT”或断续

"CHOP"，控制电子开关 S_3 在 Y_1 与 Y_2 之间来回转换，由于荧光屏的余晖效应和人眼的视觉暂留现象，可以在荧光屏上同时观察到两个信号波形。交替"ALT"和断续"CHOP"的区别就是开关动作的速率不同。

交替"ALT"："交替"显示波形如图 2-30 所示。开关接通 Y_1 或 Y_2 的时间各为一个锯齿波周期。每扫描一次，开关转换一次。当扫速在低速档时，会产生明显的闪烁现象，因此通常"交替"显示适合观察 1 kHz 以上的信号。

断续"CHOP"：图 2-31 为"断续"显示的波形。电子开关受机器内部自激振荡器的控制，开关转换速率固定，Y_1 与 Y_2 被分段扫描，波形间断地在荧光屏上显现出来。当被测信号频率较低，开关的转换频率远高于被测信号的频率时，每个信号被扫描的线段足够多，在荧光屏上看到的信号波形好像就是两条连续的波形。通常"断续"适合观察 1 kHz 以下的信号。

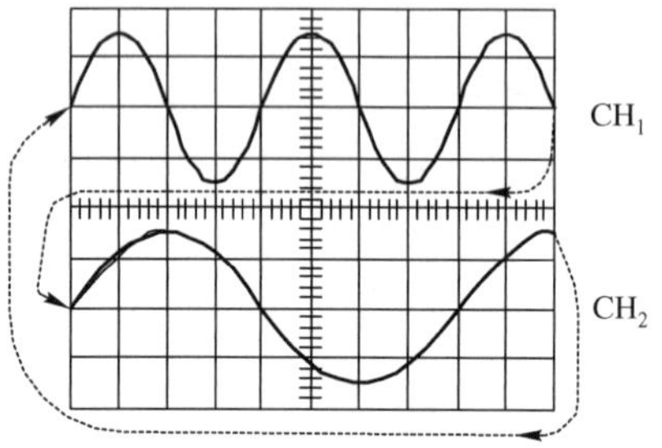

图 2-30 交替"ALT"显示

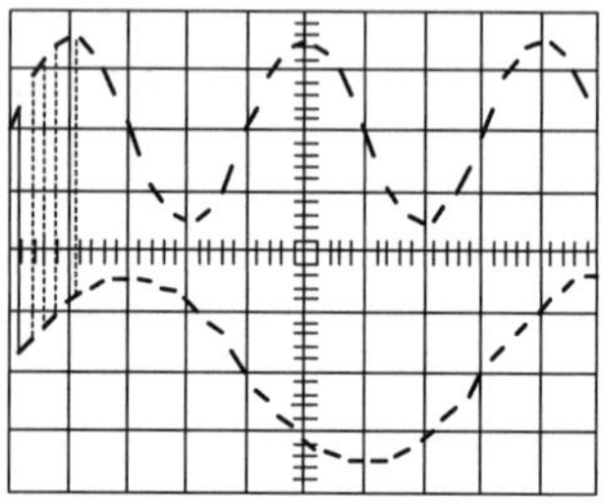

图 2-31 断续"CHOP"显示

2.5.2 示波器测量常用电参数

1. 电压（幅度）的测量方法

（1）直流电压的测量

当使用示波器（以 DF4321A 示波器为例）测量直流电压时，应遵循以下步骤：

1）预置示波器，使屏幕上显示扫描基线。

2）设置被选用通道的输入耦合方式为"GND"。

3）调节垂直移位，将扫描基线放置在某一水平坐标上，定义此时的电压为"0"，如图 2-32 所示。

4）将信号馈入被选用的通道。

5）设置被选用通道的输入耦合方式为"DC"，测量扫描线在扫描基线的距离（H）。

6）被测直流电压值 $U = H \times$ 垂直偏转灵敏度（V/Div）。若测量扫描线在扫描基线的上方，则为正电压；反之，则为负电压，如图 2-33 所示。

（2）交流电压的测量

测量被测交流信号峰 - 峰电压的步骤如下：

1）预置示波器，使屏幕上显示扫描基线。

2）将信号馈入被选用的通道，垂直工作方式也选用对应的通道。

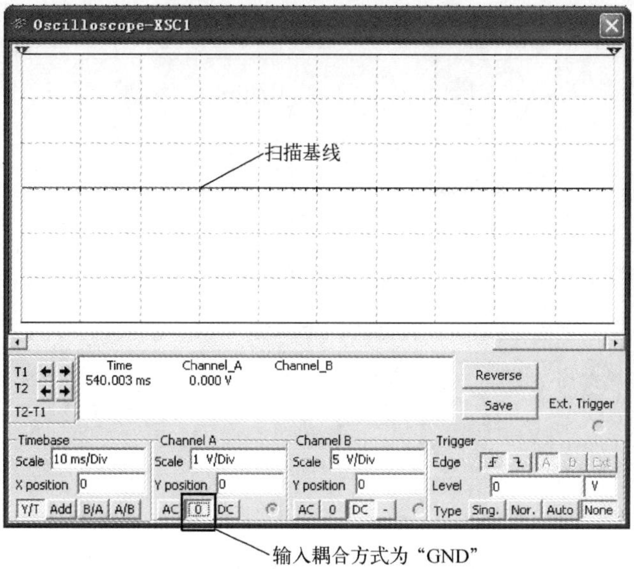

图 2-32　扫描基线所在位置的电压为“0”

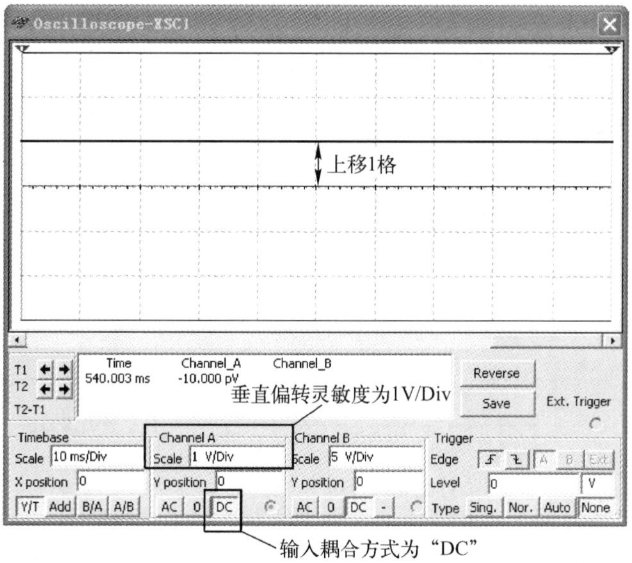

图 2-33　被测电压为 1 V/Div × 1 Div = 1 V

3）设置垂直偏转灵敏度（V/Div）并观察波形，使波形幅度占屏幕一半左右，并注意将垂直微调旋钮顺时针旋至校准位。

4）调整触发电平，使波形稳定。

5）调整扫速开关，使屏幕至少显示一个波形周期。

6）调整垂直移位和水平移位，使波形显示在屏幕的中央位置。

7）测量垂直方向上，波峰与波谷间的格数（H）。

8）峰 - 峰电压值 $U_{P-P} = H \times$ 垂直偏转灵敏度（V/Div）。

图 2-34 为示波器测量正弦波峰 - 峰电压的大小。

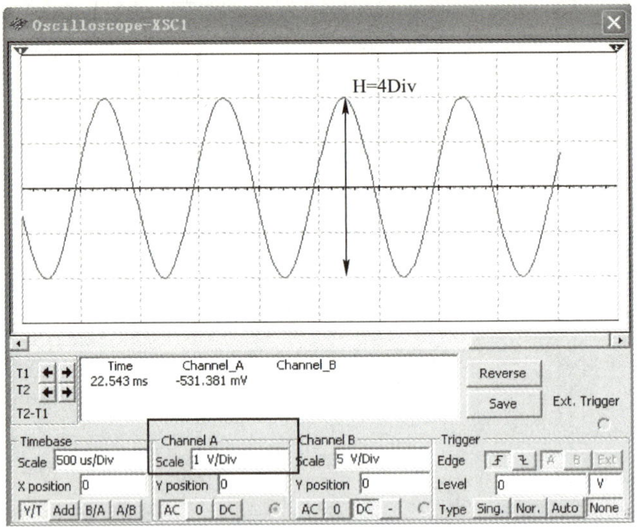

图 2-34　正弦波 $U_{P-P}=1\ V/Div\times 4\ Div=4\ V$

(3) 叠加在直流偏置上的交流信号的测量

1) 预置示波器，使屏幕上显示扫描基线。

2) 设置被选用通道的输入耦合方式为“GND”。

3) 调节垂直移位，使扫描基线在某一水平坐标上，定义此时的电压为“0”，如图 2-35 所示。

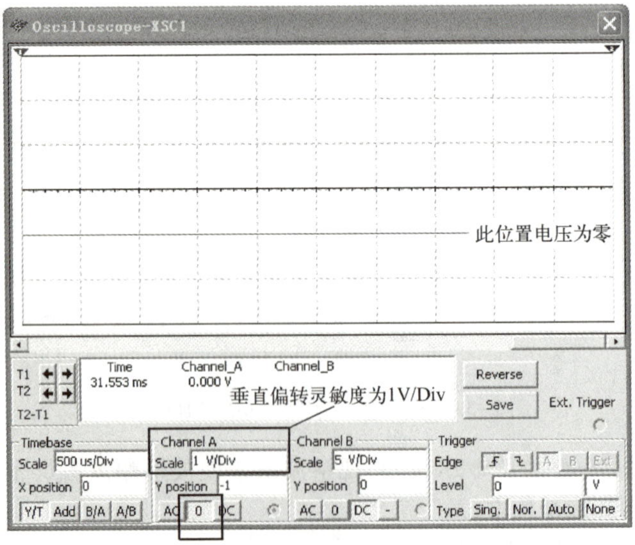

图 2-35　设定电压为“0”的位置

4) 设置被选用通道的输入耦合方式为“DC”，将被测信号馈入被选用的通道，垂直工作方式也选用对应的通道。

5) 一个包含有直流偏置的交流信号就显示在显示屏上了，如图 2-36 所示，该信号是叠加在 1 V 直流偏置上的正弦信号。感兴趣的读者可以将输入耦合方式设置为“AC”，只观察交流信号，并与图 2-36 进行对比。

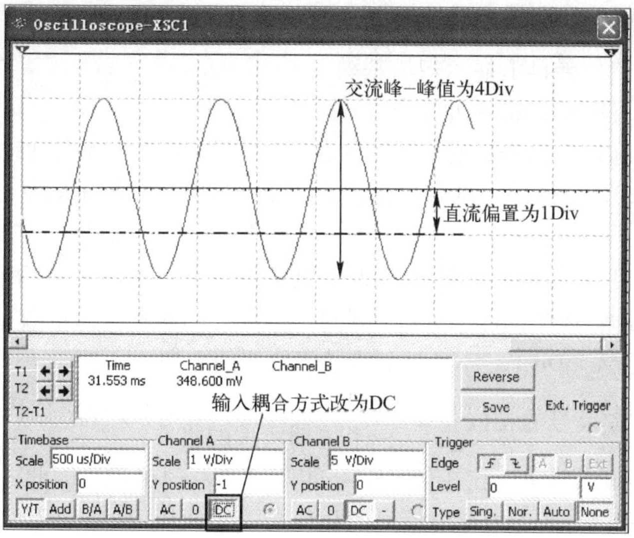

图 2-36　直流偏置为 1 V 的交流信号

2. 周期的测量方法

1）预置示波器，使屏幕上显示扫描基线。

2）将被测信号馈入选用通道，调整触发电平，使波形稳定显示。

3）将水平微调旋钮顺时针旋至校准位，调整扫速旋钮，使屏幕上显示 1 ~ 2 个信号周期。

4）分别调整垂直移位和水平移位，使波形中需测量的两点位于某一水平刻度线上，如图 2 - 37 所示。

5）测量两点间的水平距离 D。周期的计算方法为：

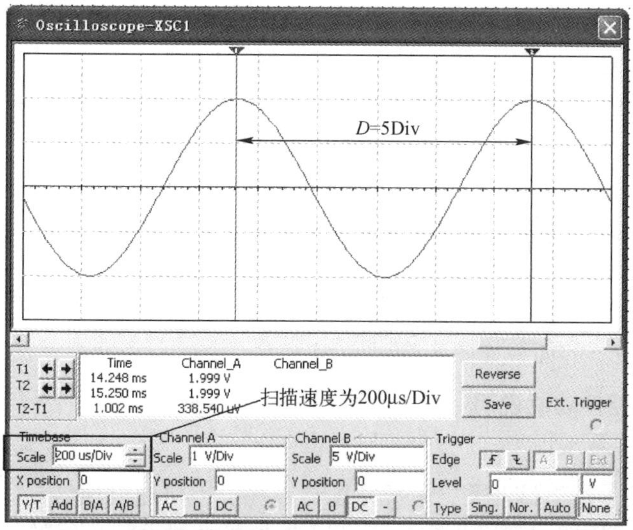

图 2-37　周期为 5 Div × 200 μs/Div = 1 ms

周期 S = 两点间的水平距离 D(Div) × 扫描速度(s/Div)

3. 同频信号相位差的测量方法

1）预置示波器，使屏幕上显示扫描基线。

2）根据被测信号频率，将垂直工作方式置于“ALT”或“CHOP”。

3）将基准信号和比较信号分别馈入两个通道，设置触发源为幅度较大的那路信号所在的通道。例如，若 CH_1 通道输入的基准信号幅度大于 CH_2 通道输入的比较信号，则触发源选择“CH1”。

4）调整扫描速度（s/Div），显示 1 ~2 个周期的波形，如图 2-38 所示，图中右边的波形为基准信号。测量两个波形上升或下降到同一幅度时的水平距离格数 B（Div），再测量出任一小型的周期格数 A（Div），计算两个信号相位差的方法为

$$\text{两个同频信号的相位差} = \frac{\text{两波形相位相差的格数}}{\text{一个周期所占的格数}} \times 360° = \frac{B}{A} \times 360°$$

由图 2-38 中还可以看出，比较信号在基准信号的左边出现，因此，比较信号的相位要超前于基准信号的相位，或者说基准信号的相位滞后于比较信号的相位。

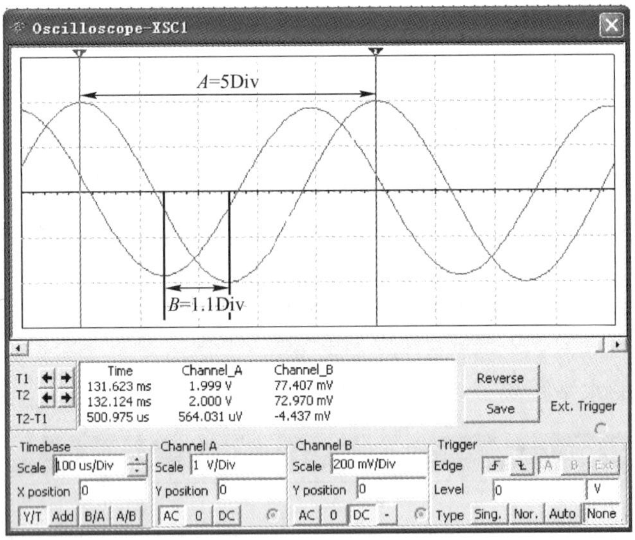

图 2-38 相位差为(1. 1/5) ×360° =79. 2°

2. 5. 3 DF4321A 型双踪示波器

1. 示波器面板图

DF4321A 型示波器的面板如图 2-39 所示。

2. 示波器主要控件功能说明

(1) 电源与显示部分

【1】: 电源开关。按下该开关，电源指示灯点亮，整机通电预热。

【21】: 轨迹旋转旋钮。利用此旋钮，可以调节荧光屏上扫描线的轨迹使其与水平刻度线平行。

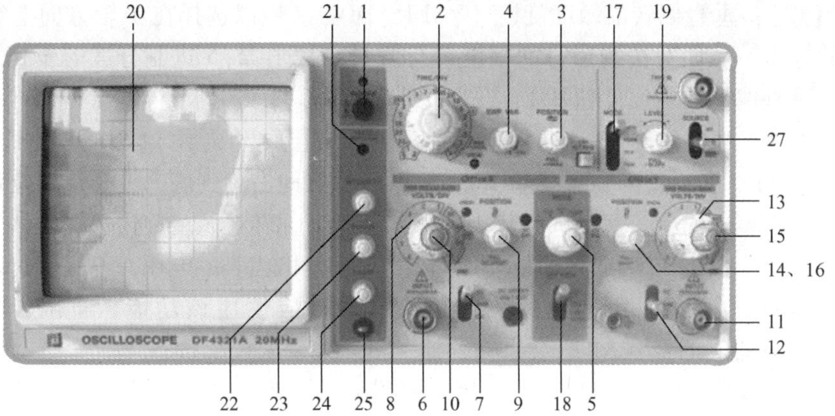

图2-39　DF4321A型示波器面板图

【22】：晖度旋钮（INTENSITY）。旋转此旋钮能改变光点和扫描线的亮度。一般不应太亮，以保护荧光屏。

【23】：聚焦旋钮（FOCUS）。旋转该旋钮可以调节电子束截面大小，将扫描线聚焦成最清晰状态。

【24】：刻度照明控制旋钮（ILLUM）。在黑暗的环境或需要给刻度线照明时旋转该旋钮。DF4320A型示波器上无此旋钮。

【25】：校准信号。提供电压为0.5 V，频率为1 kHz的方波信号，用于检测垂直和水平电路的基本功能。

【20】：荧光屏是示波器的显示部分，指示出信号波形的电压与时间的关系。其中水平方向时间轴，共分为10大格；垂直方向为电压轴，共分为8大格。根据被测信号在水平方向和垂直方向所占的格数，再乘以适当的比例常数（s/Div或V/Div），就可以求出时间值和电压值。

（2）垂直方向（VERTICAL）

由于是双踪示波器，在垂直方向上有两套控制旋钮，分别对应CH_1和CH_2两路，两路的功能基本相同。

【5】：垂直工作方式选择（MODE）。用以选择垂直通道的工作方式，有5种方式可以选择：

“CH_1（Y_1）”、“CH_2（Y_2）”：单独显示CH_1或CH_2送入的信号。

“ALT”：两个通道的信号交替显示。

“CHOP”：两个通道的信号断续显示，适于显示低频信号。

“ADD”：显示两个通道信号的代数和或差。需与【16】配合。

【6】、【11】：CH_1、CH_2输入端口。被测信号由同轴电缆分别送入本端口，以便在示波器的荧光屏上显示。当只需要显示一路信号时，推荐从CH_1送入。

【7】、【12】：输入耦合方式选择。当选择“AC”或“交流”时，被测信号中的直流成分被隔断，仅将被测信号中的交流成分送入示波器中观察；当选择“DC”或“直流”时，被测信号中的交、直流成分均送往示波器；当选择“GND”或“⊥”时，输入信号被接地，仅用于观测输入为零时光迹所在的位置。

【8】、【13】：垂直偏转灵敏度旋钮（VOLTS/DIV）。用以选择在 Y 轴方向上每一大格代表多少伏的电压，从而对被测信号的幅度进行测量。按 1-2-5 进制分成若干档。DF4321A 型示波器，垂直偏转灵敏度旋钮从 1 mV/Div 到 5V/Div。

【9】、【14】：垂直移位（POSITION）。在垂直方向上移动波形，以方便观测。

【10】、【15】：垂直微调旋钮（VAR）。沿顺时针方向右旋到底，处于校准位置（CAL）。此时，荧光屏垂直方向上，每一大格代表的电压和垂直偏转灵敏度旋钮选择的档位一致；若微调旋钮没有处于校准位，可以微调垂直方向上每一大格代表的电压，但具体代表的数值未知，和垂直偏转灵敏度旋钮选择的档位也不一致，应慎用该功能。微调旋钮打开时，DF4321A 型示波器上的 UNCAL 灯会点亮，提示目前处于未校准状态。

【16】：CH_2极性选择（CH2 INV）。用来倒置 CH2 上输入信号的极性。配合【5】上的“ADD”或“相加”选择，可以对 CH1，CH2 的两个信号波形进行相加或相减显示。如当【5】选择“ADD”，CH_2极性选择为“－”时，CH_2的信号倒相，可以将 CH_1，CH_2的两个信号波形相减后显示在荧光屏上。

对于 DF4321A 型示波器，当【14】不拉出时，CH_2的极性选择为“＋”。当将该旋钮拉出时，CH_2的极性选择为“－”，旋钮下方显示“PULL INVERT”（拉出反转）。

（3）水平方向（HORIZONTAL）

【2】：扫描速度旋钮（TIME/DIV）。用以确定水平方向上每一大格代表多少秒，从而对被测信号的周期、频率或相位差进行测量。按 1-2-5 进制分成若干档。DF4321A 型示波器，扫描速度旋钮从 0.2 μs/Div 到 0.2 s/Div。

【3】：水平移位（POSITION）。在水平方向上移动波形，以方便观测。

【4】：水平微调旋钮（VAR）。沿顺时针方向右旋到底，处于校准位置（CAL）。此时，荧光屏水平方向上每一大格代表的秒数和扫描速度旋钮选择的档位一致；当微调旋钮没有处于校准位时，可以微调水平方向上每一大格代表的秒数，但具体代表的数值未知，和扫描速度旋钮选择的档位也不一致，应慎用该功能。微调旋钮打开时，DF4321A 型示波器上的 UNCAL 灯会点亮，提示目前处于未校准状态。

【17】：触发扫描方式选择（ TRIG MODE）。

自动（AUTO）：仪器自动触发，并能显示扫描线，是最常用的选择。

常态（NORM）：只有存在触发信号时，才显示扫描线，适合信号频率较低的情况（25 Hz以下）。

【18】：触发源选择（SOURCE）。用于选择产生触发脉冲的源信号。右上角的【27】（SOURCE）选择“INT”，即内触发。【18】（INT TRIG）选择“CH_1”或“CH_2”。

【19】：触发电平与触发极性选择。确定触发信号波形的触发点（即波形显示起始点的扫描位置）。当不能显示清晰稳定的波形时，需调整该两旋钮。

触发极性选择（SLOPE）：正极性触发，即用触发源信号的上升沿触发；负极性触发，即用触发源信号的下降沿触发。

触发电平（LEVEL）：极性选择仅能确定触发的方向，而触发点的选择，要靠调节触发电平旋钮，使电路在合适的电平上启动扫描。

对于 DF4321A 型示波器，“触发电平”旋钮和“触发极性选择”在一起。该旋钮拉出时（PULL-SLOPE），选择负极性触发。

3. 示波器的使用方法

(1) 测量信号的幅度和周期 (频率)

假设函数信号发生器产生一个频率为 1.25 kHz，电压峰－峰值为 2.8 V 的正弦波，将该信号送往示波器观测。示波器的调整步骤为：

1）打开电源开关，整机预热。

2）示波器按表 2-2 预置，使屏幕上显示扫描基线。

表 2-2　示波器预置例 1

晖度（INTENSITY）	居　中	水平移位	居　中
聚焦（FOCUS）	居中	触发扫描方式	自动
CH_1垂直移位	居中	触发源选择	Y_1
垂直工作方式	Y_1	触发耦合	AC、常态
CH_1输入耦合方式	AC	微调旋钮	均右旋到底

3）由于信号频率为 1.25 kHz，可以计算出相应的周期为 800 μs。已知示波器的荧光屏在水平方向上分为 10 个大格，为了显示一个完整的周期，每一大格至少要代表 800/10 μs = 80 μs。根据示波器扫描速度旋钮是 1-2-5 进制的，应选择 100 μs/Div。

4）电压的峰－峰值为 2.8 V，示波器的荧光屏在垂直方向上分为 8 个大格，为了显示一个完整的幅度，每一大格至少要代表 2.8/8 V = 0.35 V。根据到示波器垂直偏转灵敏度旋钮是 1-2-5 进制的，应选择 0.5 V/Div。

5）被测信号经同轴电缆送往示波器 Y_1输入端口【6】。如果此时波形不稳定，应调整触发电平，使波形稳定显示。

6）如图 2-40 所示，示波器荧光屏上显示出正弦波。此时，垂直方向上，每一大格代表 0.5 V，峰－峰值占 5.7 格（<8 格）。则

$$U_{p-p} = 0.5\ \text{V/格} \times 5.7\ \text{格} = 2.85\ \text{V}$$

7）如图 2-41 所示，示波器荧光屏上显示的正弦波，在水平方向上每一大格代表 100 μs，一个周期占 8 格（<10 格），则

$$T = 100\ \mu\text{s/格} \times 8\ \text{格} = 800\ \mu\text{s}$$

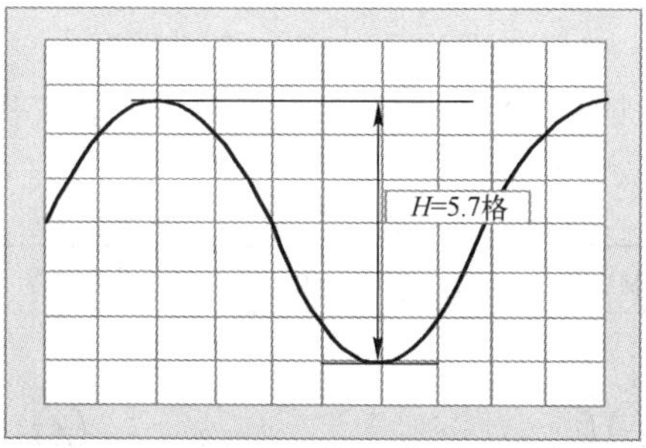

图 2-40　利用示波器观测信号的幅度

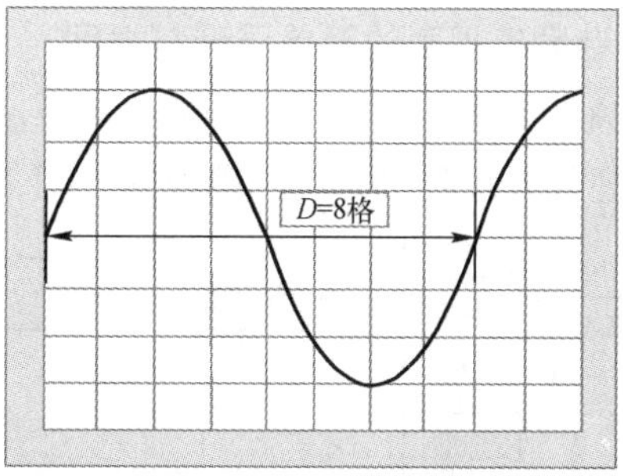

图 2-41　利用示波器观测信号的周期

(2) 测量两个同频率信号的相位差

如果要使用双踪示波器测量两个同频率正弦信号的相位差，以 *RL* 串联电路的研究为例，测量 RL 串联电路的总电压与流经电路的总电流之间的相位差。当使用 DF4321C 型进行测量时，步骤如下：

1）打开电源开关，整机预热。

2）示波器按表 2-3 预置。

表 2-3 示波器预置例 2

辉度（INTENSITY）	居 中	聚焦（FOCUS）	居 中
CH_1垂直移位	居中	CH_2垂直移位	居中
CH_1输入耦合方式	AC	CH_2输入耦合方式	AC
触发扫描方式	AUTO	垂直工作方式	ALT
触发源选择	CH_1	CH_2 INV	弹出

3）开机后，本机会自动预置在扫描速度 1.0 ms/Div，垂直偏转灵敏度 5.0 V/Div（2 路）的状态。所有微调旋钮自动处于“校准”状态。

4）电路的总电压信号送入示波器 CH_1，总电流信号（通过取样电阻）送入示波器 CH_2。

5）第一路垂直偏转灵敏度【8】选择 1 V/Div，第二路垂直偏转灵敏度【13】选择 20 mV/Div。

6）按下两路垂直偏转灵敏度旋钮，使之处于“非校准”状态。通过微调旋钮【10】、【15】，使两路信号的峰 - 峰值相等，如图 2-42 所示。

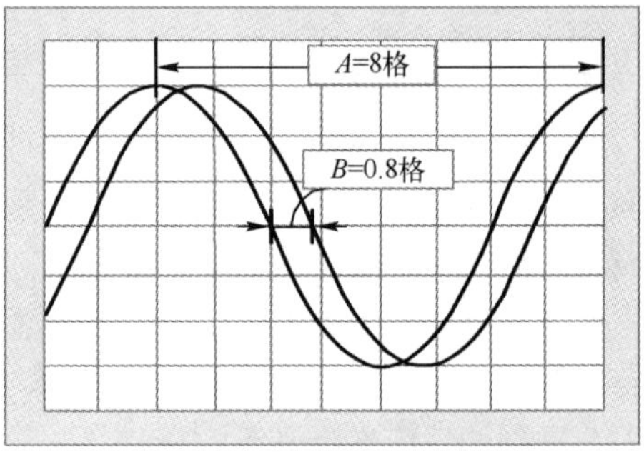

图 2-42 示波器读测相位差图

7）读出相位相差的格数和一个周期所占的格数，计算相位差 φ。

$$\varphi=\frac{\text{两波形相位相差的格数}}{\text{一个周期所占的格数}}\cdot 360°=\frac{B}{A}\cdot 360°=36°$$

2.6 选频电平表

2.6.1 选频电平表的工作原理

1. 选频电平表的简单原理与框图

选频电平表是一种用做谐波分析及滤波器网络频率响应特性等测量的仪表，其工作原理相当于超外差接收机，其原理框图如图 2-43 所示。

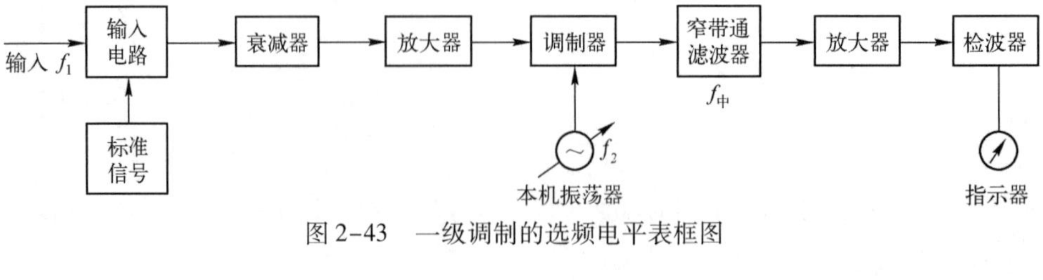

图 2-43 一级调制的选频电平表框图

输入被测信号f_1经输入电路、衰减器和放大器，在调制器中与本机振荡器产生的本振频率f_2进行调制。被测信号中包含各种频率成分，当调节本振频率f_2，使两者之差$f_2-f_1=f_{中}$落在窄带通滤波器的通带范围内时，滤波器就有输出，经放大和检波可以从指示器中读出其大小。而当两者之差在窄带通滤波器的通带以外时，便无输出，在指示器中指示为零。因此当指示器有指示时，就可根据本振频率和中频求得被测信号的频率，这个频率已直接由选频电平表的频率度盘指示出来。逐渐改变本振频率（调节选频表的频率旋钮）可以将被测信号中各种成分的频率和幅度全部测出来。

图 2-43 中给出的是一级调制的选频电平表，此类表有较大的“镜像干扰”。如上所述，$f_2-f_1=f_{中}$，被测信号中比本振频率低一个中频的某个频率分量经过调制器后能通过窄带通滤波器，最后在指示器中被指示出来，这是我们所希望的。而与此同时，被测信号中比本振频率高一个中频的另一个频率分量（称“镜像频率”）经过调制器后亦为中频，亦能通过滤波器且最后被指示器指示，这是一种由镜像频率引起的干扰，称为“镜像干扰”。为了减小镜像干扰，并提高选频增益，常采取二级、三级或四级调制方式。

2. 选频电平表的使用与调整

实验时，选频表在电路中相当于一个交流电压表，为适应不同的情况，它与交流电压表一样也有不同的量程范围，这是选频表与交流电压表的共同点。但选频表与一般交流电压表相比，又有以下不同点：

1）在功能上：选频表既可用做“宽频”测量，也可以对周期非正弦波中某个频率分量进行“选频”测量；而一般交流电压表却不具备第二种功能，即没有选频测量的功能。

2）在使用上：选频表在测量前，均需要进行“校准”（宽频校准或选频校准）。并且在进行选频测量时，为要选择待测的某频率分量，需有选频过程。即要通过调节频率旋钮对待测频率进行调谐，然后再进行电平读数。而宽频测量则不需要选择频率，直接读数。

3）在读数上：一般交流电压表的读数是用电压有效值（伏特）来表示的，而选频表的读数是用电压电平（分贝）表示的。被测电平为电平调节和电表指示的代数和。

4）在输入阻抗上：为适应不同情况，选频表设有几档不同的输入阻抗，使用时按照阻抗匹配的原则选择放置。

2.6.2 HX－D21 型选频电平电压表

1. 仪器性能简介

HX－D21 型选频电平电压表是一种高灵敏度、高精密的电平测量仪表。适用于方波、矩形波、三角波、锯齿波等周期信号的频谱分析，以帮助加深对信号时域与频域间关系的理解。

该仪器采用同轴电缆输入方式，测量频率范围在 200 Hz ~ 620 kHz，频率显示分辨率为 1 Hz。电平测量范围为：宽频测量为 －50 ~ ＋20 dB，选频测量为 －80 ~ ＋20 dB。输入阻抗具有同轴 75 Ω 和高阻抗两档。

本仪表具有宽频测量和选频测量两种工作方式，能自动转换电平量程，自动跟踪校准，每隔 30 min 仪表自动校准零电平，并发出“嘟”的提示音，有四种频率调谐步进速度，四种电平量程下限预置，对常用频率还可记忆存储。

仪器显示屏设置有两种电压单位刻度，既有电压刻度“V”“mV”“μV”，又有电平刻度“dB”。根据习惯或需要可选择电压刻度或电平刻度，同一被测信号在显示屏上可直接读出电压值和相对应的电平值，无需再进行电压和分贝单位之间的换算。

本机采用了新一代微处理器 PIC，根据编制的软件包对整机实施控制；频率、电平、阻抗、功能均为 LCD 菜单汉字显示，使用直观方便：同时应用了国际近年来先进电子技术 DDS，直接数字频率合成，使频率稳定度达到了晶振的水平，并使仪表体积大大缩小，重量减轻。

2. 面板控件及功能说明

HX－D21 型选频电平表面板图如图 2-44 所示，各面板控件的功能如下：

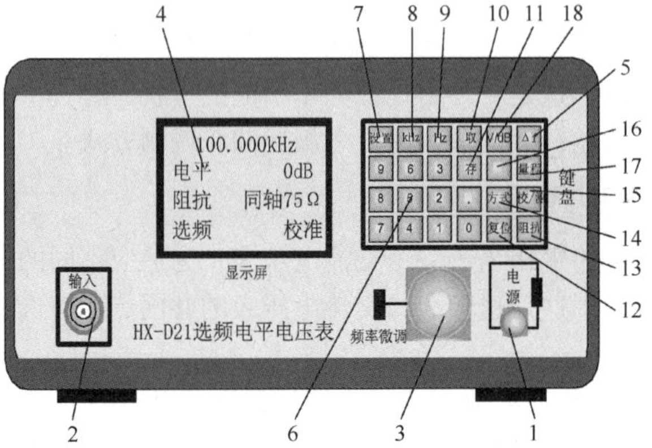

图 2-44 HX－D21 选频电平电压表面板图

【1】电源开关。按下电源接通，LCD 显示屏点亮。

【2】同轴输入插座。

【3】频率微调轮（惯性轮）。对频率进行连续调节。

【4】LCD 显示屏。

【5】频率步进速度选择键（Δf）。

【6】数字键。

【7】“设置”键。当需要设置一固定频率时，先按此键，使频率合成器处于激活状态。宽频测量时该键不起作用。

【8】“kHz”键。为频率单位“kHz”的确认键。

【9】“Hz”键。为频率单位“Hz”的确认键。

【10】“取”键。可取出存储的 10 个常用频率中的任一个。

【11】“存”键。按此键可存储 10 个常用频率。

【12】复位键。当出现未知原因的死机时，按此键恢复正常。

【13】“阻抗”键。连续按此键可选择所需的输入阻抗。

【14】“工作方式”键。连续按此键可选择宽频测量、选频测量两种测量方式中的一种。

【15】“校/测”键。按此键可选择各种测量方式的校准或测量状态。

【16】空键。

【17】选测电子量程下限预置键。

【18】"V" 和 "dB" 刻度选择键。

3. 使用方法

按下电源开关【1】，液晶屏【4】点亮，电源接通。预热 20 min 后使用。

（1）电平校准

开机后，仪器自动进行"宽频测量校准"和"选频测量校准"，当听到"嘟、嘟、嘟"三声，即校准完毕。

按"校/测"键【15】，转换至测量状态，再按"工作方式"键【14】，选择所需要的工作方式。

在工作过程中，每隔约 30 min 仪器会自动校准一次。校准时发出"嘟"的一声，同时液晶屏第四行显示"校准"状态，再"嘟"的一声响则校准完毕，自动恢复到校准前测量状态，整个过程约 3 s。在测量过程中也可随时手动对液晶屏显示的当前状态进行校准。

（2）频率的调节

1）对于一个已知频率的调节方法

步骤一：用键盘设置频率。在选频测量时，先按"设置"键【7】，此时，液晶屏第一行出现"—"符号，再按数字键，最后选择频率的单位，按下"kHz"键【8】或"Hz"键【9】。例如：要设置"100. 200 kHz"的频率，先按下设置键后，再依次按下数字键"1""0""0""．""2"，最后按下单位"kHz"键确认，液晶屏上显示"100. 200 kHz"的频率。

步骤二：用面板上设置的频率微调轮【3】连续调节频率。在选频各种测量方式时，可直接转动频率微调轮调节频率。顺时针转动时，频率增加，逆时针转动时，频率降低。当按照步骤一调节频率之后，还需使用频率微调轮缓慢地进行微调，使频率准确地调谐，此时显示屏第二行显示的电平值最大。

2）未知频率的调谐方法

对于一未知频率可使用快速频率调谐，设置方法如下。

设置频率步进：在搜索频率过程中设有 1 Hz、10 Hz、100 Hz、1 kHz 四种步进，并在显示屏左上用不同数目的三角形标示出不同的步进：无三角形为 1 Hz 步进，有一个"▲"为 10 Hz，两个"▲"为 100 Hz，三个"▲"为 1 kHz，按 Δf 键【5】可循环选择。

当测量一个未知的被测频率时，按"工作方式"键，使仪表处于"选频测量"状态，再按 Δf 键【5】选择调谐时的频率步进，比如为 1 kHz，慢慢转动频率微调，在整个频段内搜索，一边注视显示屏第二行的电平变化。当电平出现一最大值时停止转动旋轮；再依次将频率步进设置为 100 Hz、10 Hz、1 Hz，仔细左右转动频率微调轮直至电平显示最大值，此时显示的频率和电平值即为被测信号。

3）频率的记忆存储和提取操作

液晶屏当前显示频率（比如为"100 kHz"的存储），若存入的地址为数字键"5"，先按"存"键【11】，液晶屏频率行显示出一个"—"号，再按数字键"5"即存入，此时液晶屏仍显示 100 kHz。

提取时，先按"取"键【10】，再按原存入的相关数字键。如取出上述 100 kHz 的频率，先按"取"键，液晶屏频率行显示"—"号，再按原存入地址数字键"5"，液晶屏即显示出频率 100. 000 kHz。

（3）阻抗的选择

按“阻抗”键【13】时，液晶屏阻抗一行循环出现同轴 75 Ω、∞ Ω，可根据测试的需要进行选择。

（4）工作方式的选择

按“工作方式”键【14】，液晶屏最下行可显示“宽频测量”或“选频测量”两种工作方式，根据测试需要可任选一种。然后按“校/测”键【15】，可根据显示选择“校准”或“测量”状态。

1）宽频校准与测量

宽频校准后进行宽频测量，此时液晶屏最下行显示“宽频测量”状态。

根据测量要求选择所需要的输入阻抗。将输入信号从同轴插口接入，显示屏第二行显示的电平值即为电平测量的结果。

2）选频校准与测量

选频校准后，选择“选频测量”方式。

选择输入阻抗：按“阻抗”键【13】，显示“阻抗同轴∞ Ω”（或“阻抗同轴 75 Ω”）。

将被测信号从同轴插孔输入，按“设置”键【7】，再依次按数字键，再按“Hz”或“kHz”键确认，使液晶屏第一行显示出被测信号的频率值。仔细微调频率微调轮【3】，直至显示屏电平行显示最大值。此时液晶屏频率行显示被测信号的频率，电平量程行显示被测信号的电平值。

注意：在测量谐波失真时，按测试规定提高灵敏度 40 dB（仪器自动完成），在用频率微调轮调谐的过程中，若显示屏左上角出现“!”符号闪烁，说明仪器已处于“过载”状态，不再切换量程，此时显示屏上的电平值为所测谐波失真的近似值；若要精确测量，按一下任一数字键，退出“过载”状态，缓慢旋动频率微调轮，直至电平值显示最大，此时仪器准确地调谐在所测频率的谐波上，该电平值即为谐波的衰减值。

（5）电平量程预置

该选频表默认情况下选测电平量程下限自动设置在 −80 dB，在 −80 ~ +20 dB 范围均可自动切换量程。

手动设置量程下限，可分别预置电平量程【17】下限为 −80 dB（无△）、−40 dB（3 个△）、−20 dB（2 个△）、0 dB（1 个△）四种。

为减小测量时间对测量的影响，一般应预先将电平量程下限设置在接近被测电平值的附近，以便迅速地得到测试结果。

（6）“V/dB”单位的转换

使用时，按“V/dB”键【18】可任意选择“V”“mV”“μV”或 dB 刻度，直接读出电压值或相对应的电平值，无需再进行电压和电平单位之间的换算。

第 3 章　电路基础实验

3.1　元器件的检测与基尔霍夫定律的验证

3.1.1　实验目的

- 识别常用电子元器件，学习使用万用表测量电阻、电感、电容和二极管的方法。
- 学习使用万用表测量直流电压和直流电流的方法，验证基尔霍夫定律。
- 学习直流稳压电源的使用方法。
- 初步学习 Multisim 软件的使用方法。

3.1.2　实验原理

常用电子元器件规格的标注方法一般有四种：直标法、文字符号法、数字法和色标法，根据标注方法可以读出电阻（器）、电感（器）和电容（器）三种元件的标称值和允许偏差。

1. 万用电表检测常用元件的基本方法

1）用万用电表检测电阻，测量其实际阻值，与标称阻值比较，可判断电阻是否正常。

2）用万用电表检测电感，测量其直流电阻，常选用小数值档位，若阻值无穷大，则电感断路；若阻值较小，则电感一般正常。

3）用万用电表检测电容，将电容插入数字万用表的相应插座，选择合适的量程，从显示屏上读取读数。

4）用万用电表检测二极管，将功能开关置于二极管和蜂鸣通断测量档位。将红表笔连接到待测二极管的正极，黑表笔连接到待测二极管的负极，则显示器上的读数为二极管正向电压降的近似值。

2. 基尔霍夫定律

基尔霍夫电流定律：在集总电路中，任何时刻，对于任一节点（闭合面），所有支路的电流代数和恒等于零，即 $\sum i=0$。如流入该节点（闭合面）的电流为正，则流出该节点（闭合面）的电流为负（也可反过来规定）。

基尔霍夫电压定律：在集总电路中，任何时刻，沿任一闭合回路，所有支路的电压代数和恒等于零，即 $\sum u=0$。通常，凡支路或是元件电压的参考方向与回路绕行方向一致者为正；反之为负。

在实际使用中，由于万用电表存在内阻，在其被接入测量电路时，它会改变被测电路的工作参数，使测量值与实际值产生误差。

3.1.3 实验内容与步骤

1. 检测电阻

1）在实验箱中选取两个电阻，将实验板上的设计阻值填入表3-1中“设计值”一栏。

2）将电阻外壳上所标的色环按顺序填入“色环”一栏。

3）根据色标法，读出电阻的标称阻值及允许偏差，填入“标称值及偏差”一栏。

4）用万用表欧姆档测电阻的阻值，将测量数据填入“实测值”一栏。

5）比较电阻的设计值、标称值和实测值，并给出相应的结论。

表3-1　检测电阻

电　　阻	R_1	R_2
设计值		
色环		
标称值及偏差		
实测值		
结论		

2. 检测电感

1）在实验箱中选取两个电感，根据电感外壳上所标的文字（字母）或数字，读出电感量，填入“表3-2中标称值及偏差”一栏。

2）将理想状态下的直流电阻阻值填入“理想值”一栏。

3）用万用表欧姆档测电感的直流电阻，将测量数据填入“测量值”一栏。

4）根据测量结果简单判断电感性能。

表3-2　检测电感

元　　件		L_1	L_2
标称值及偏差			
直流电阻阻值	理想值		
	测量值		
结论			

3. 检测电容

1）选取两个电容，读出其标称容量，填入表3-3中标称值及一栏。

2）用万用表测电容的容量，将电容插入万用表电容插座，读出电容容量，填入“实测值”一栏。

3）根据测量结果简单判断电容性能。

表 3-3　检测电容

元　件	C_1	C_2
标称值		
实测值		
结论		

4. 检测二极管

1）从实验箱中选两个二极管，测量二极管的正向导通电压，填入表 3-4。

2）根据测量结果判断二极管的极性及其性能。

表 3-4　检测二极管

元　件	D_1	D_2
导通电压		
实测值		
结论		

5. 验证基尔霍夫定律

（1）验证基尔霍夫电压定律

连接实验电路，如图 3-1 所示，调节直流稳压电源输出电压调节旋钮，用万用表直流电压档测量 U 为 9 V 后，依次测量电阻 R_1 和 R_2 的端电压 U_1、U_2 和电路中的电流 I，测量数据填入表 3-5 中，并求 $\sum U$，验证基尔霍夫电压定律。

表 3-5　验证基尔霍夫电压定律

	U/V	U_1/V	U_2/V	I/mA	$\sum U$
理论值	9				
实测值	9				

（2）验证基尔霍夫电流定律

连接实验电路，如图 3-2 所示，调节直流稳压电源输出，用万用表测量 U 为 4.2 V 后，依次测量各支路的电流，测量数据填入表 3-6 中，并求 $\sum I_A$，验证基尔霍夫电流定律。

表 3-6　验证基尔霍夫电流定律

	U/V	I_1/mA	I_2/mA	I_3/mA	$\sum I_A$
理论值	4.2				
实测值	4.2				

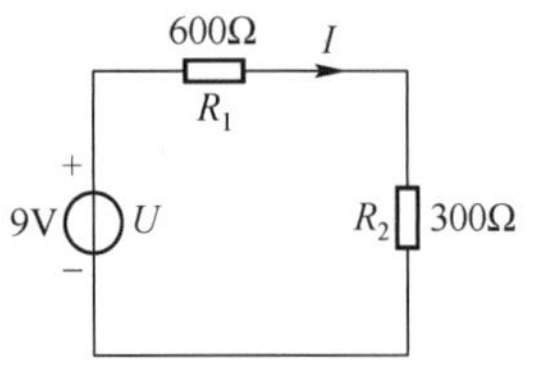

图 3-1 验证基尔霍夫电压定律电路图

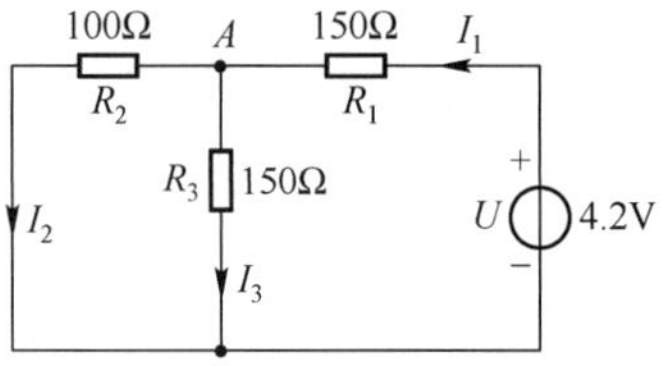

图 3-2 验证基尔霍夫电流定律电路图

3.1.4 Multisim 仿真分析

1. 电阻的测量

1）从基本元件库中调取两个电阻和两个接地端，电阻参数分别设置为 600 Ω 和 300 Ω，调整元件的位置。

2）从仪表工具栏中调用两个万用表。

3）根据万用电表的使用规则，万用表应并接在所测电阻的两端，如图 3-3 所示。

4）双击万用表图标，在其面板中选中“Ω”功能键。

5）按下仿真开关，万用表面板上显示测量结果，如图 3-3 所示。

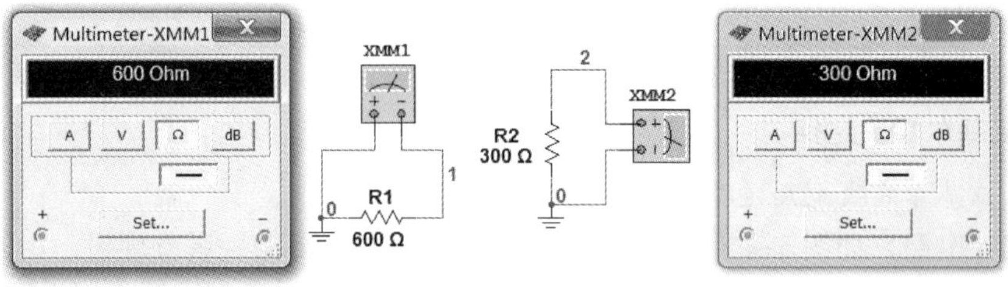

图 3-3 测量电阻的电路及仿真结果

2. 直流电压的测量

1）测量图 3-1 中 R_1 的端电压 U_1。

① 在 Multisim 默认状态（直流电压表内阻 1 GΩ）下，根据图 3-1 调取元件，连接电路，调用万用表测量 U_1，万用表面板上显示测量结果，如图 3-4a 所示。

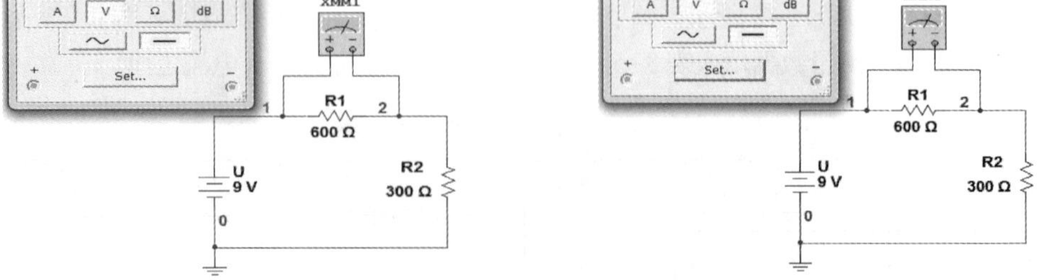

a) b)

图 3-4 测量 U_1 的电路及仿真结果

② 根据实际情况设定直流电压表内阻。参照 MF500 型万用表直流电压档 10 V、内阻 200 kΩ，设置直流电压表内阻参数，仿真结果如图 3-4b 所示。

对照理论值，比较两次仿真结果，说明直流电压表内阻对被测电压的影响。

2）参考测量 U_1的方法步骤，完成对 R_2端电压 U_2的测量。

3. 直流电流的测量

1）按照如图 3-2 所示电路和表 3-6 的要求，参照 MF500 型万用表电流档 10 mA、内阻 75 Ω，设置直流电流表内阻参数，测量 I_3值，图 3-5 是测量电路及仿真结果。

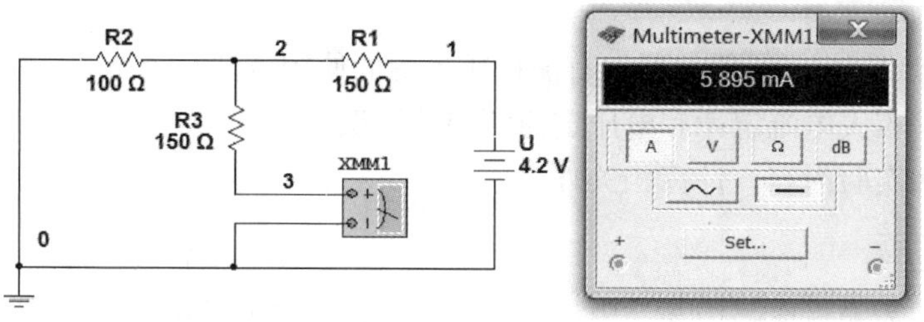

图 3-5　设置直流电流表内阻为 75 Ω 时测量 I_3的电路及仿真结果

2）参照 MF500 型万用表电流档 100 mA 内阻 7.5 Ω，设置直流电流表内阻参数，再次测量 I_3值。

对照理论值，比较两次仿真结果，说明直流电流表内阻对被测电流的影响。

3.1.5　实验要求与注意事项

1）在测量电流或电压时，如果不了解被测量的大小，应选择最大量程试测，以防止打表；然后再转换到合适量程，以减小测量误差。注意，不准带电转换量程开关。

2）万用表测量直流电流时，需断开被测支路，将电流表串入被测支路中。

3.1.6　实验设备

万用表	一台
综合实验箱	一台
被测元件电阻、电感、电容和二极管若干个	

3.1.7　实验报告与思考题

1. 实验报告

1）整理实验数据。

2）分析各元件检测结果，并给出相应的结论。

3）根据测量的直流电压值和直流电流值，验证基尔霍夫定律。

4）在图 3-5 中，设置直流电流表内阻参数为 7.5 Ω 时，完成 I_3值的测量，并完成测量电路图和仿真结果图。

2. 思考题

万用表测量电路电流时，应将万用表串入电路，如果未断开原电路，而是并接在待测电路的两端，会出现什么问题？为什么？

3.1.8 实验预习

1. 实验预习要求

1）阅读“第1章1.4节”，了解电阻器、电感器、电容器等元件的规格、标识方法和检测方法。

2）阅读“第2章2.1节”，了解万用表的结构和工作原理，掌握使用方法，理解其内阻对测量结果的影响。

3）阅读“第2章2.2节”，了解直流稳压电源的使用方法。

4）复习基尔霍夫电流定律和电压定律的相关知识。

5）了解本次实验内容，计算相关理论值。

2. 预习思考题

1）若用万用表测量电路中某一阻值，应如何处理与之并接的元件或支路？

2）如何用万用表大致判断电感器与电容器的好坏？

3）如何用万用表判别二极管极性？

3.2 等效电源定理的研究

3.2.1 实验目的

- 学习测量线性有源二端网络等效电源参数和电路的外特性的方法。
- 加深对等效电源定理的理解，验证最大功率传输条件。
- 巩固万用电表的使用方法，加深对万用电表内阻的理解。
- 进一步掌握 Multisim 仿真分析在直流实验中的应用。

3.2.2 实验原理

1. 线性有源二端网络

任何一个线性网络，如果只研究其中一条支路的电压或电流，则可将电路的其余部分看做是一个有源二端网络，或称为含源一端口网络，如图3-6a所示。

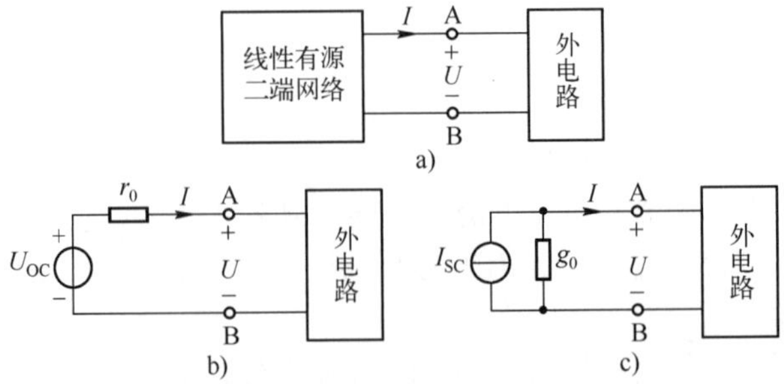

图3-6 线性有源二端网络的等效电路

a）线性有源二端网络 b）戴维南等效电路 c）诺顿等效电路

2. 等效电源定理

等效电源定理包括电压源等效和电流源等效两个定理，也称为戴维南定理和诺顿定理：

(1) 戴维南定理

任意一个线性有源二端网络，就其对外电路的作用而言，总可以等效为一个电压源和电阻组成的串联电路，如图 3-6b 所示。该电压源的电压 U_{OC} 等于二端网络在端口处的开路电压；电阻 r_0 等于二端网络内所有独立源置于零的条件下，从端口处看进去的等效电阻。

(2) 诺顿定理

任意一个线性有源二端网络，就其对外电路的作用而言，总可以等效为一个电流源和电导组成的并联电路，如图 3-6c 所示。该电流源的电流 I_{SC} 等于二端网络在端口处的短路电流；电导 g_0 等于该二端网络内所有独立源置于零的条件下，从端口处看进去的等效电导，$g_0 = 1/r_0$。

通常我们称开路电压 U_{OC}、短路电流 I_{SC} 以及等效内阻 r_0 为有源二端网络的等效电源参数。

线性有源二端网络与等效电路的外特性应该是一致的，在平面坐标中绘制的伏安关系曲线应该重合。

3. 最大功率传输定理

一个线性有源二端网络，不管其内部具体电路如何，都可以等效为一个理想电压源和电阻组成的串联电路，如图 3-6b 所示。当负载为 R_L 时，获得功率为

$$P = I^2 R_L = \frac{U_{OC}^2 R_L}{(r_0 + R_L)^2}$$

对上式求导并令其为零，得到负载 R_L 上获得最大功率时的条件 $R_L = r_0$，此时最大功率为

$$P_{max} = \frac{U_{OC}^2}{4r_0}$$

3.2.3 实验内容与步骤

1. 线性有源二端网络等效电源参数的测量

如图 3-7 所示实验电路，测量 A、B 端口的等效电源参数 U_{OC}、I_{SC}，测量数据填入表 3-7 中，r_0 任选三种方法进行测量，测量数据填入表 3-8 中。

(1) 测量开路电压 U_{OC}

在精度要求不高的情况下，可直接用万用表的直流电压档测出该有源二端网络电路的开路电压 U_{OC}，如图 3-8 所示。实验中所用的万用表内阻如果足够大（大于被测网络的电阻 100 倍以上），则测量误差可以忽略，可认为万用表的电压读数就是开路电压 U_{OC} 的值，否则将有一定的测量误差。

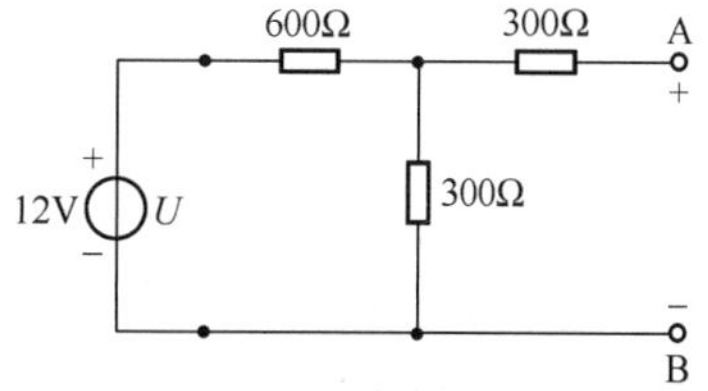

图 3-7　测定 AB 端等效电源参数电路

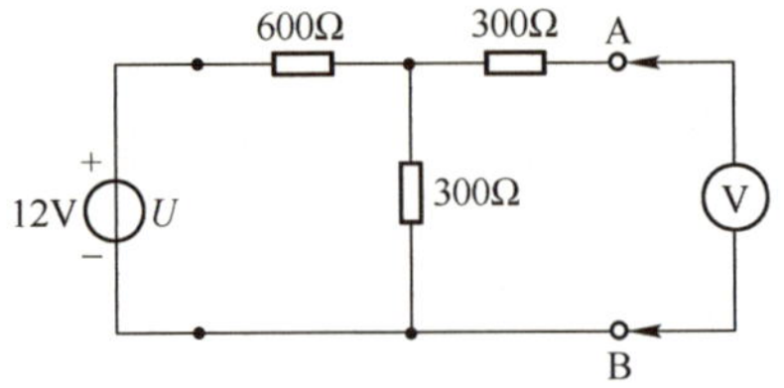

图 3-8　测量开路电压 U_{OC} 电路

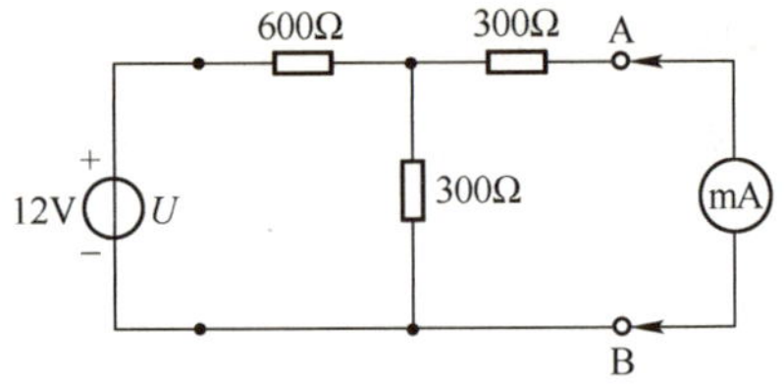

图 3-9　测量短路电流 I_{SC} 电路

(2) 测量短路电流 I_{SC}

如图 3-9 所示，在网络端口允许短路的情况下，用万用表直流电流档测量网络端口处的短路电流。如果实验中使用的万用表内阻足够小（小于被测支路阻值 100 倍以上），则对测量数据影响较小，可认为万用表的电流读数就是短路电流 I_{SC} 的值，否则将有一定的测量误差。

表 3-7　测定等效电源参数 U_{OC}，I_{SC}

测 量 项 目	U_{OC}/V	I_{SC}/mA
理论值		
测量值		

(3) 测量等效内阻 r_0

测量等效内阻的方法很多，事实上，我们根据已经测量的开路电压 U_{OC} 及短路电流 I_{SC}，即可得到等效内阻 $r_0 = U_{OC}/I_{SC}$。除此之外，再介绍几种测量 r_0 的方法。

1）直接测量法

将网络内的独立源置于零，如图 3-10 所示，将线性有源二端网络变成无独立源二端网络，用万用表欧姆档测量该网络端口处的入端电阻，即得到等效内阻 r_0。

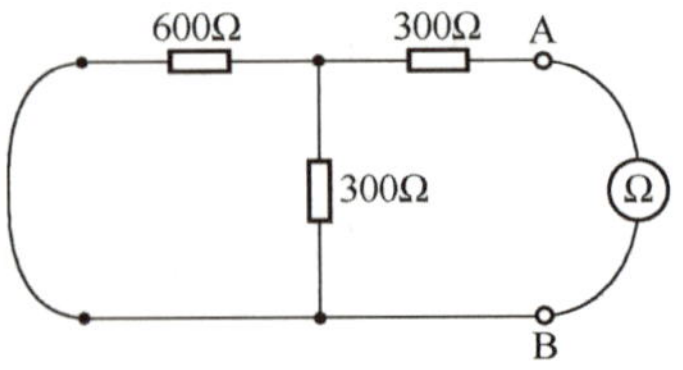

图3-10　直接测量法测量 r_0 电路

2）外接已知电源法

按照图 3-10 的方法，将线性有源二端网络变成无独立源二端网络，外接电源，测电流 I 或电压 U'，如图 3-11a、b 所示，根据电压与电流的比值，计算出 r_0。

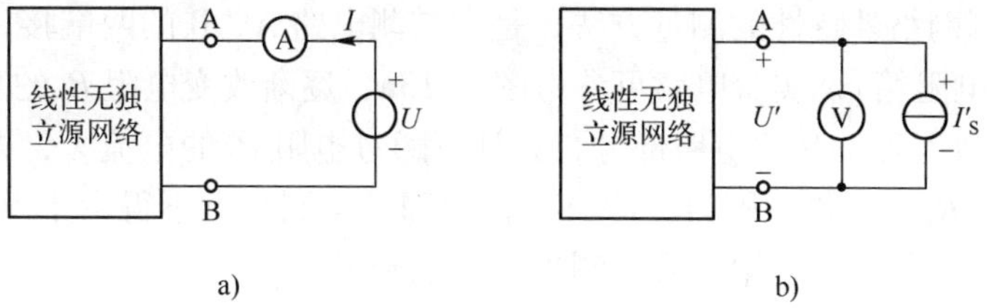

图 3-11　外接已知电源法测量 r_0 电路

a) $r_0=\dfrac{U}{I}$　b) $r_0=\dfrac{U'}{I'_S}$

3）半值法

按照图 3-10 的方法，将线性有源二端网络变成无独立源二端网络，外接电压源 U 和电阻箱 R_L，如图 3-12 所示。U 的大小，选一个适当值即可，改变电阻箱 R_L 的阻值，并测量其端电压 U_L，当 $U_L=1/2U$ 时，$r_0=R_L$。

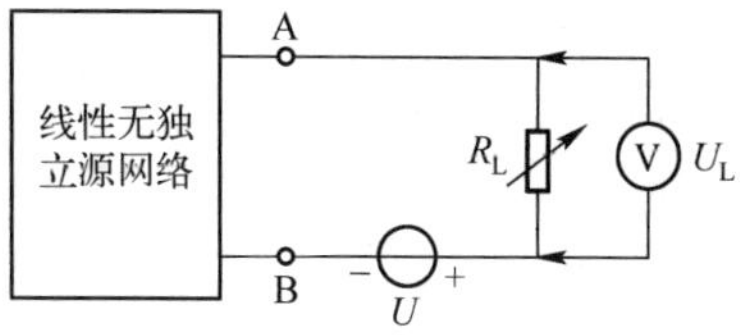

图 3-12　半值法测量 r_0 电路

4）外接已知负载法

该方法也称为二次电压测量法，电路如图 3-13a 所示，在被测电路 A、B 两端任接一个阻值已知的电阻 R_L，第一次测的是开路电压 U_{OC}（表 3-7 已完成），第二次测的是已知阻值电阻 R_L 上的端电压 U_L，从图 3-13b 我们知道

$$(U_{OC}-U_L)/r_0=U_L/R_L$$

即得到公式

$$r_0=(U_{OC}/U_L-1)R_L$$

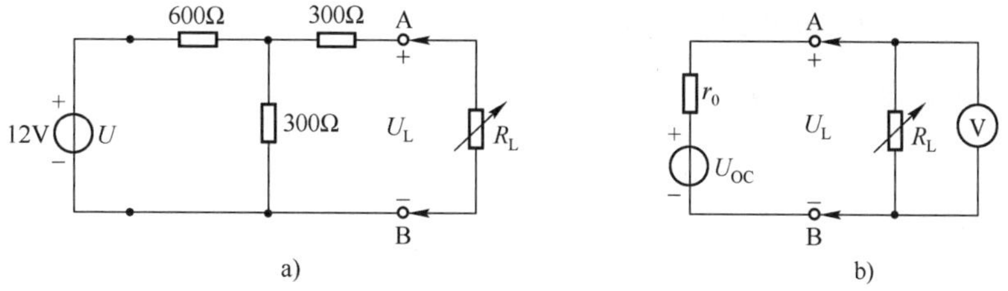

图 3-13　外接已知负载法测量 r_0 电路

特殊地，如果 R_L 换成电阻箱，在调节 R_L 大小的同时，测量其端电压 U_L，当 U_L 值恰好为开路电压 U_{OC} 的一半时，由公式得到，$r_0=R_L$，此时 r_0 值就可直接由电阻箱上读取。

表 3-8　测量 r_0

r_0	实验方法	中间测量数据	结果 r_0/Ω
r_{01}			
r_{02}			
r_{03}			
理论值 r_0 =		综合分析后 r_0 =	

2. 测量实验电路的外特性

电路的外特性也称为伏安特性，是对电路输出端电压和电流之间关系的描述 $U=f(I)$。

线性有源二端网络外特性的测量方法，是在被测电路 A、B 的两端接一个可调的负载电阻 R_L（通常采用电阻箱），实验电路可参考图 3-13a，逐渐改变电阻 R_L 的数值，测量其端电压 U_L，测量数据填入表 3-9 原电路部分，并计算通过电阻 R_L 的电流 I_L，即可在坐标纸上描绘出 $U_L \sim I_L$ 曲线。R_L 的变化范围为：10 Ω - r_0 - 10 kΩ，测量点不得少于 10 个，在 r_0 附近的测量点应取得密些，其中 r_0 选用实验中测出的较准确值。

表 3-9 测量电路外特性

	R_L/Ω	10				r_0				10 k
原电路	U_L/V									
	I_L/mA									
	P/mW									
等效电路	U'_L/V									
	I'_L/mA									

3. 测量戴维南等效电路的外特性

用测量的 U_{OC}、r_0 组成戴维南等效电路，测量等效电路的外特性的实验电路可参考图 3-13b，将 U'_L 测量数据填入表 3-9 等效电路部分，并计算 I'_L，与原电路的外特性进行比较。

4. 研究功率和负载间关系

根据实测的原电路的外特性，计算负载 R_L 上获得的功率 P，观察 P 随 R_L 变化的规律，即 $P=f(R_L)$，验证负载获得最大功率条件。

3.2.4 Multisim 仿真分析

1. U_{OC} 的测量

在 Multisim 中，按照图 3-8 调取所用元件，设定参数，连接电路。调用万用表测量 U_{OC}，如图 3-14 所示，具体要求如下：

1）在 Multisim 默认状态下显示仿真结果。

2）根据实际测量情况，参照 MF500 型万用表直流电压档 10 V 内阻，设置直流电压表内阻参数，显示测量结果。

3）对照 U_{OC} 理论值，分析两次测量结果。

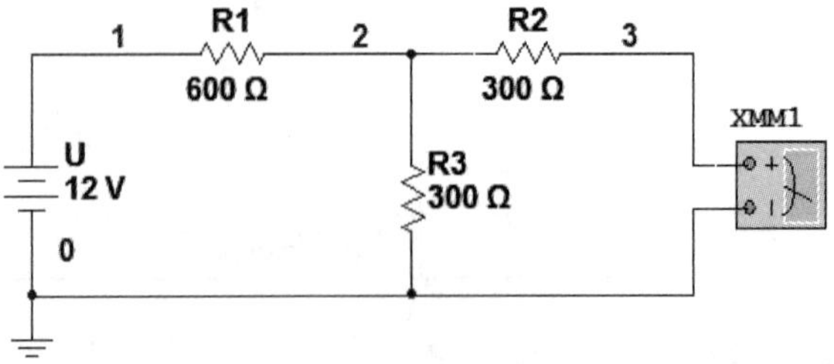

图 3-14 万用电表测量 U_{OC} 电路

2. I_{SC}的测量

在 Multisim 中，参考图 3-14 所示电路，测量 I_{SC}，具体要求如下：分别参照 MF500 型万用表电流档 10 mA 和 100 mA 内阻，设置直流电流表内阻参数，显示测量结果，与 I_{SC}理论值比较，分析产生误差的原因。

3. r_0的测量

（1）直接测量法

在 Multisim 中，将图 3-14 所示电路中，删去电源 U，连线替代后，用万用电表测量 r_0值，与实验测量数据进行比较。

（2）外接已知负载法

1）参照图 3-13a，在 Multisim 中，调取一个可变电阻器作为 R_L，调节其大小至某一阻值时，测出其端电压大小，根据前面的公式计算出 r_0值。图 3-15 是 R_L为 400 Ω 时，测量 U_L的电路图及仿真结果。

2）根据图 3-15，当调节 R_L为 630 Ω 时，完成 U_L的测量仿真，并根据结果计算 r_0值。

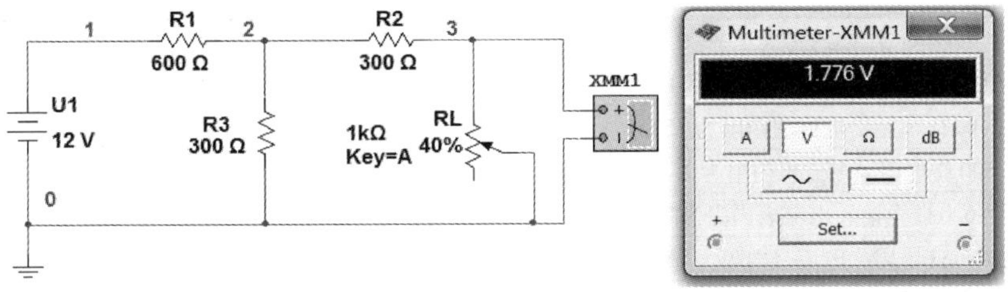

图 3-15　$R_L=400\ \Omega$ 时，直流电压表内阻设置为 200 kΩ 时测量 U_L 及仿真结果

3.2.5　实验要求与注意事项

1）测量等效内阻 r_0的方法最少用三种，以便于比较和分析测量误差，选取测量较准确者构成等效电路。

2）实验中万用表测量电压、电流的变换次数较多，必须正确使用，以防烧坏万用表。

3）实验中，严禁将直流稳压电源两输出端短接。

3.2.6　实验设备

直流稳压电源	一台
万用表	一台
综合实验箱	一台
电阻箱	一只

3.2.7　实验报告与思考题

1. 实验报告

1）整理实验数据，列写出所用测量方法和电路，分析这些测量方法的优缺点。

2）绘制原电路和戴维南等效电路的外特性曲线，并由原电路外特性曲线求出等效电源参数。

3）绘制原电路负载 R_L 上获得的功率 P 随 R_L 变化的曲线，验证负载获得最大功率的条件。

4）完成 3.2.4 节中“3. r_0 的测量”→“（2）外接已知负载法”→“2)”的内容，计算 r_0 值，并给出测量电路图和仿真结果图。

2. 思考题

用 MF500 型万用表测量图 3-7 所示电路的等效电源参数 U_{OC} 和 I_{SC}，若考虑万用表内阻的影响和元件的非理想性，测量出的 U_{OC} 和 I_{SC} 各为多少（保留 3 位小数）？将结果填入表 3-10 和表 3-11。

表 3-10　测量 U_{OC} 的误差分析

条　　件	U_{OC}/V
理想 600 Ω 电阻，电压表内阻无穷大	
理想 600 Ω 电阻，电压表内阻 200 kΩ	
实测 620 Ω 电阻，电压表内阻无穷大	
实测 620 Ω 电阻，电压表内阻 200 kΩ	
结　　论	（　　　　　　）影响较大

表 3-11　测量 I_{SC} 的误差分析

条　　件	I_{SC}/mA
理想 600 Ω 电阻，电流表内阻为零	
理想 600 Ω 电阻，电流表内阻为 75 Ω	
理想 600 Ω 电阻，电流表内阻为 7.5 Ω	
实测 620 Ω 电阻，电流表内阻为零	
实测 620 Ω 电阻，电流表内阻为 75 Ω	
实测 620 Ω 电阻，电流表内阻为 7.5 Ω	
结　　论	（　　　　　　）影响较大

3.2.8　实验预习

1）根据图 3-7 所示实验电路，计算其等效电源参数的理论值。

2）根据所选用的测量方法拟定实验步骤。

3）实验中如何实现将网络内部独立电源置于零，使线性有源二端网络变成无独立源二端网络？

3.3　线性电路特性的研究

3.3.1　实验目的

- 加深对线性电路主要特性（齐次性、叠加性、互易性）的理解。
- 学习线性电路主要特性的研究方法。

3.3.2　实验原理

1. 线性电路的齐次性（比例性）

在含一个独立源的线性电路中，每一个响应（电压或电流）与该独立源的数值呈线性关系，即当某一独立源增加或减小 k 倍时，由其在各元件上产生的电压或电流也增加或减小 k 倍，这一特性称为线性电路的齐次性（或比例性）。

2. 叠加性（叠加定理）

由多个独立源组成的线性电路中，每一个响应（电压或电流）可以看成是由每一个独立源单独作用所产生响应的代数和，这一特性称为叠加性（或叠加定理）。

3. 互易性（互易原理）

在不含受控源的无源线性两端对网络中，不论哪一端对作为激励端，哪一端对作为响应端，其电流响应对其电压激励的比值是一样的，或其电压响应对其电流激励的比值是一样的。形象地说就是一个电压源（或一个电流源）和一个电流表（或一个电压表）可以互相调换位置，而电流表（或电压表）的读数不变。这一特性称为互易性（或互易原理），可用图 3-16 表示。

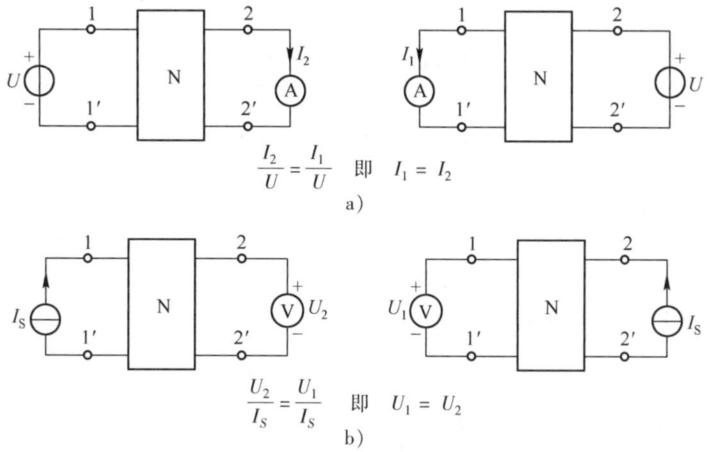

图 3-16　电压源与电流表互易

a) 电压源与电流表互易　b) 电流源与电压表互易

3.3.3　实验内容与步骤

1. 线性电路叠加定理的研究

按图 3-17 连接电路，测量当电源 U_{S1}、U_{S2} 分别作用和同时作用时，各支路中的电压（或电流），填入表 3-12 中，并计算各支路电阻上消耗的功率及电源提供的功率，分别研究以下问题：

1）电路中任一支路中电压（或电流）与电源之间是否符合叠加定理。

2）U_{S1}、U_{S2} 同时作用时任一电阻元件上消耗的功率与 U_{S1}、U_{S2} 单独作用时该电阻元件上消耗的功率之和是否符合叠加定理。

3）电源 U_{S1}、U_{S2} 同时作用电路消耗的总功率与 U_{S1}、U_{S2} 单独作用时提供的功率之和是否符合叠加定理。

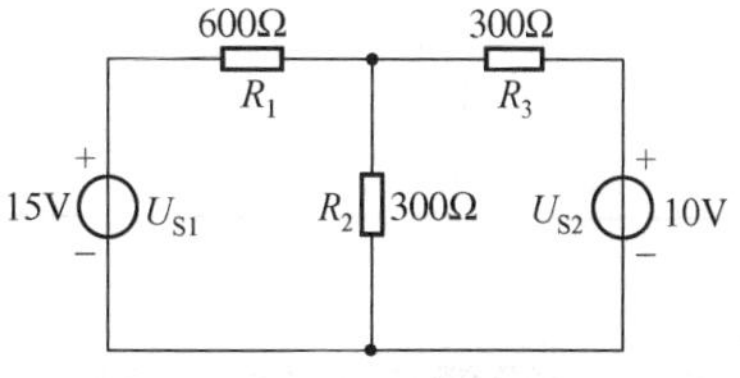

图 3-17　叠加定理研究实验电路

表 3-12 叠加定理的研究

		U_{S1}	U_{S2}	U_{R1}	U_{R2}	U_{R3}	P_{R1}	P_{R2}	P_{R3}	P_{US1}	P_{US2}
U_{S1}、U_{S2} 同时作用	理论值										
	实测值	15.0 V	10.0 V								
U_{S1} 单独作用	理论值										
	实测值	15.0 V	/								
U_{S2} 单独作用	理论值										
	实测值	/	10.0 V								
叠加结果		/	/								

2. 线性电路齐次性的研究

按图 3-17 实验电路，使 $U_{S1}=0$ V（将 U_{S1} 电源去掉，用短接线连接 R_1、R_2 两端）。按表 3-13 测量数据，填入表中。

表 3-13 电路齐次性的研究

电压电源	U_{R1}/V		U_{R2}/V		U_{R3}/V		I_{R2}/mA	
	理论值	实测值	理论值	实测值	理论值	实测值	理论值	实测值
$U_{S2}=5$ V								
$U_{S2}=10$ V								
$U_{S2}=15$ V								

3. 线性电路互易定理的研究

按图 3-18a 原电路连接电路，测出 I_{R3} 电流值，将数据记入表 3-14。

互易 U_S 电源与 I_{R3} 电流表，如图 3-18b 所示。测量 I_{R1} 电流值，将数据记入表 3-14。

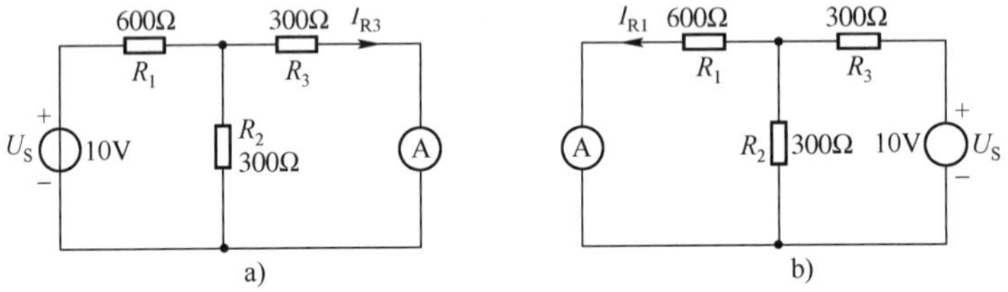

图 3-18 互易定理的研究
a）互易前电路 b）互易后电路

表 3-14 互易定理的研究

	原 电 路	互 易 电 路
理论值	$I_{R3}=$ mA	$I_{R1}=$ mA
实测值	$I_{R3}=$ mA	$I_{R1}=$ mA

3.3.4 实验要求与注意事项

1）注意正确地使用万用表。

2）所有测量电路中的电源、电压数值，应以万用表测量的数值为准。

3.3.5　实验设备

直流电源	一台
万用表	一台
综合实验箱	一台
电阻箱	一只

3.3.6　实验报告与思考题

1. 实验报告

1）列写各测量数据表。

2）对测量结果进行分析，加深对三个重要定理的理解。

2. 思考题

为什么功率不符合叠加定理？试分析原因。

3.3.7　实验预习

1）预习有关的理论知识，认真阅读实验原理部分。

2）按照图 3-17 所示电路，计算各待测理论值，分别填入表 3-12、表 3-13。

*3）试使用 Multisim 仿真计算表 3-12 的有关理论值，与人工计算值相比较。

3.4　交流信号参数的测量

3.4.1　实验目的

- 学习函数信号发生器、交流电压表和双踪示波器的使用方法。
- 学会观察几种典型信号的波形。
- 掌握信号幅度、周期（频率）和两个同频率正弦信号间相位差的测量方法。
- 学习 Multisim 中交流仪表的使用方法。

3.4.2　实验原理

1. 几种典型信号

（1）周期正弦信号

描述正弦信号特征的主要参数有：峰值（U_p）、峰-峰值（U_{p-p}）、有效值（U）；周期（T）、频率（f）；初相（θ）、相位差（φ）等，如图 3-19a 所示。

参数之间满足一定的关系

$$U_{p-p}=2U_p=2\sqrt{2}U \qquad f=\frac{1}{T}$$

（2）周期矩形信号

描述矩形信号的主要参数有：幅度（U_{p-p}）、脉冲重复周期（T）和脉冲宽度（τ），τ/T通常称为占空比，如图 3-19b 所示。

（3）周期锯齿波信号

描述锯齿波信号的主要参数有：幅度（U_{p-p}）、脉冲重复周期（T）等，如图 3-19c 所示。

上述三种信号均可由函数信号发生器产生。

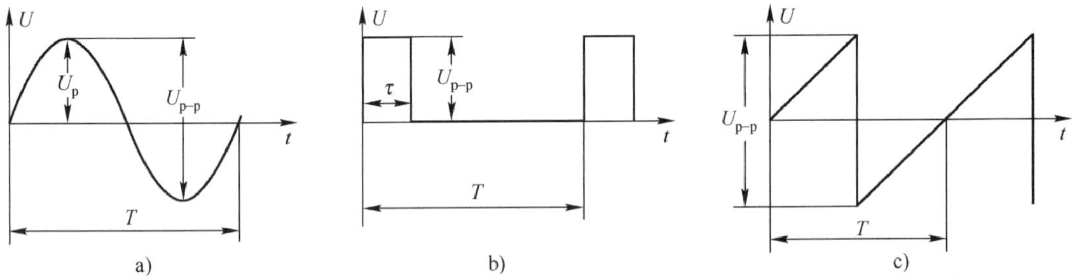

图 3-19　几种常用信号波形

a）正弦信号　b）矩形信号　c）锯齿波信号

2. 基本测量方法

（1）幅度的测量

正弦信号的幅度可以用交流电压表和示波器测量，交流电压表的测量值仅为其有效值，而示波器可直接测量出其峰值或峰－峰值。我们应根据实验要求对所测量出的数据进行换算。

矩形信号与锯齿波信号的幅度可用示波器测量。

（2）周期和频率的测量

三种信号的周期和频率可分别由示波器和频率计测量，也可以在测量出信号某一参数后，根据要求进行换算。

（3）两个同频率正弦信号相位差的测量

当双踪示波器显示屏上显示图 3-20 所示的两个同频率信号波形时，依照下面的公式计算相位差：

$$\varphi=\frac{B}{A}\cdot 360°$$

其中，A 表示两波形在水平方向上一个周期所占格数；B 表示两波形在水平方向对应点之差所占的格数。

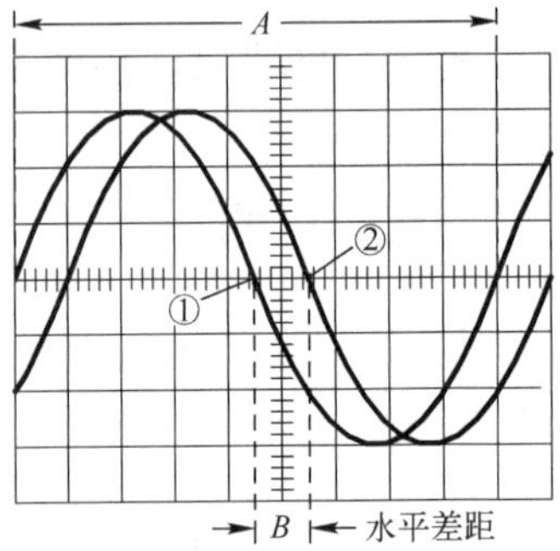

图 3-20　两个同频率正弦信号的相位差测量

3. 双踪示波器 CH2（Y2）极性控件的使用

用双踪示波器两个通道同时显示一个正弦信号波形的使用方法如下：

1）CH_2（Y_2）极性选择为“＋”时，在显示屏上显示的两波形是同相位的，即相位差为 0°，如图 3-21a 所示。

2）如将 CH_2（Y_2）极性选择为“－”，则显示屏上显示的两个波形是反相的，即相位差为 180°，如图 3-21b 所示。

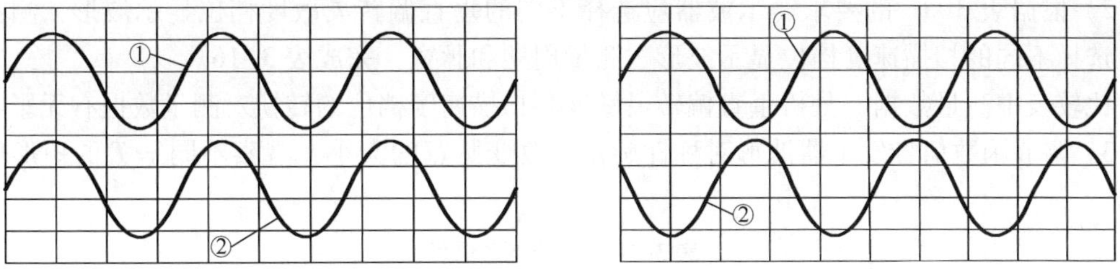

a)　　　　　　　　　　b)

图 3-21　双踪示波器 CH2（Y2）极性控件的使用

a）CH_2 极性选择为“+”　b）CH_2 极性选择为“-”

3.4.3　实验内容与步骤

1. 观测正弦信号

1）按图 3-22 连接电路，函数信号发生器产生一个频率为 500 Hz（以函数信号发生器显示值为准）、电压有效值为 2 V（以交流电压表的测量值为准）的正弦信号，用示波器显示该正弦信号波形，测量其电压峰-峰值 U_{p-p} 和周期 T，同时由函数信号发生器电压指示窗口读出电压 U_{p-p} 值，完成表 3-15。

2）将上述正弦信号频率改为 10 kHz，电压有效值改为 4 V，完成表 3-15。

3）比较函数信号发生器、交流电压表和示波器三种仪表的电压显示值或测量值之间的关系。

表 3-15　测量正弦信号

使用仪器	函数信号发生器		交流电压表	双踪示波器	
测量项目	电压 U_{p-p}	频率	电压有效值	$U_{p-p}=H\cdot$ V/Div	$T=D\cdot$ s/Div
测量值		500 Hz	2 V		
测量值		10 kHz	4 V		

说明：H 代表峰-峰值所占的格数，V/Div 为垂直偏转灵敏度档位；D 代表一个周期所占的格数，s/Div 为扫描速度档位。

2. 观测矩形信号

1）按图 3-23 连接电路，函数信号发生器产生一个频率为 1.25 kHz、幅度为 4 V（均以函数信号发生器显示值为准）的矩形信号，调节函数信号发生器波形对称性旋钮，放置在“关”位，使矩形信号波形的 $\tau/T=1/2$，此时的矩形信号通常也称为方波。

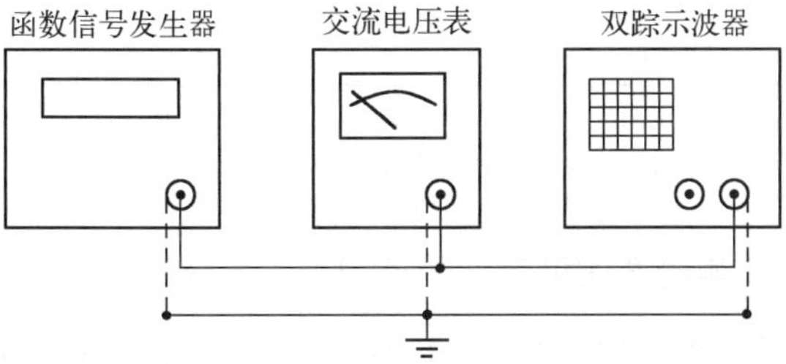

图 3-22　观测正弦信号电路

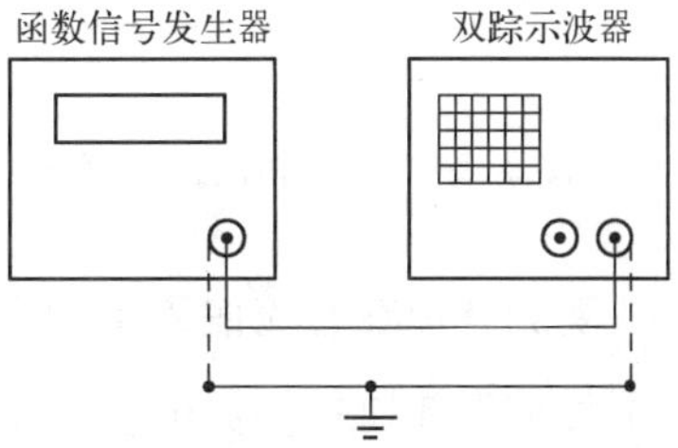

图 3-23　观测矩形信号和锯齿波信号电路

2）根据表 3-16 的要求，示波器应选择不同的垂直偏转灵敏度档位显示波形，测量幅度；选择不同的扫描速度档位显示波形、测量周期和脉宽，完成表 3-16。

比较表中测量数据，分析垂直偏转灵敏度和扫描速度档位的转换对测量数据有无影响。

3）调节函数信号发生器波形对称性旋钮，改变脉宽的大小，观察不同 τ/T 的矩形信号波形。

表 3-16　测量矩形信号

Y 轴部分			X 轴部分				
垂直偏转灵敏度旋钮/（V/Div）	幅度所占格数/Div	幅度值/V	扫描速度旋钮/(ms/Div)	时间所占格数/Div		时间/s	
				周期	脉宽	周期	脉宽
1			0.1				
2			0.2				

3. 观测锯齿波信号

按图 3-23 连接电路，调节函数信号发生器产生一个锯齿波信号，幅度与频率的要求同上述矩形信号，用示波器进行观测，调节波形对称性旋钮，观察锯齿波与三角波之间的转换，完成表 3-17。

表 3-17　测量锯齿波信号

	幅　度	周　期
锯齿波信号		
三角波信号		

4. 观测双踪示波器两个通道中正弦信号的相位差

1）按图 3-24 连接电路，函数信号发生器产生一个正弦信号，频率显示为 8 kHz、幅度显示峰 - 峰值为 2 V 左右，用双踪示波器 CH_1（Y_1）和 CH_2（Y_2）同时显示该信号波形。

2）调整两通道显示的波形，完成表 3-18“CH_2 极性‘ + ’”部分。

3）将 CH_2（Y_2）极性选择“ - ”，完成表 3-18“CH_2 极性‘ - ’”部分。

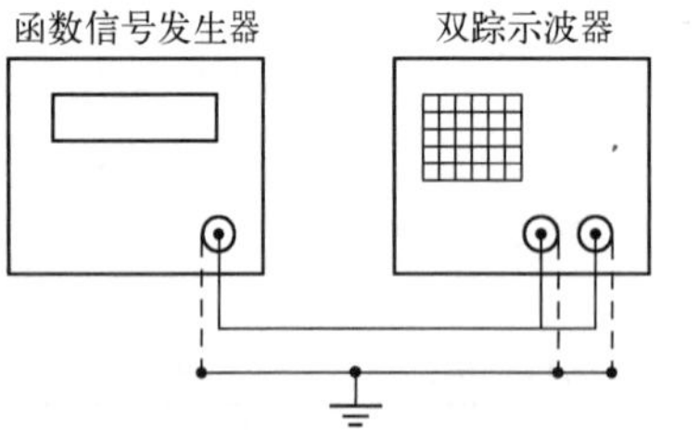

图 3-24　观测相位差电路

表 3-18　测量两个通道中的正弦信号相位差

相位差		CH_2 极性“ + ”	CH_2 极性“ - ”
理论值			
双踪示波器测量值	B		
	A		
	相位差		

说明：为了减小测量误差，应调整周期所占格数 A 为接近 10 的整数，再读两个波形间相差格数 B 的大小。

5. 观测叠加在直流偏置上的正弦信号（测量方法见示波器使用介绍部分）

1）按照图 3-23 连接电路，函数信号发生器产生一个 $T = 1$ ms、$U_p = 2$ V（以示波器上显示波形的读数为准）的正弦信号，如图 3-25a 所示。

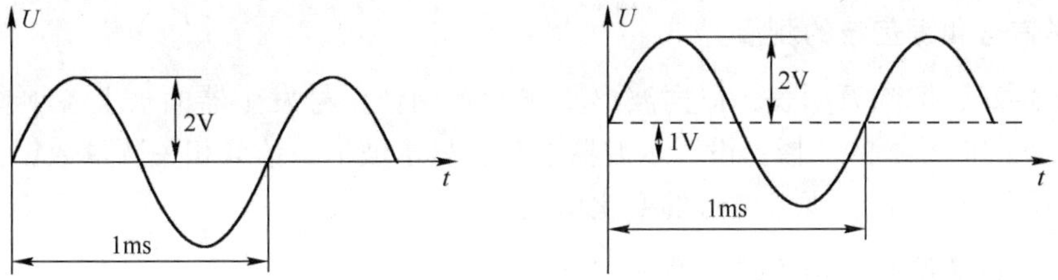

a)　　　　b)

图 3-25　正弦信号波形

a）没有叠加直流分量的正弦信号　b）叠加直流分量的正弦信号

2）调节函数信号发生器上的 OFFSET 旋钮或 DC OFFSET 旋钮，产生一个叠加在直流偏置上的正弦信号，如图 3-25b 所示，要求：用示波器测量出该信号直流分量为 1 V，交流分量峰值为 2 V。

3）完成表 3-19 中各仪表可测量或显示的项目数据，比较图 3-25 中两个波形。

表 3-19　测量叠加直流分量的正弦信号

	直 流 分 量	交 流 分 量			
		振幅	有效值	周期	频率
示波器	1 V	2 V		1 ms	
交流电压表					
函数信号发生器					

3.4.4 Multisim 仿真分析

1. 正弦信号的测量

1）按照表 3-15 的要求，在 Multisim 中调用函数信号发生器、示波器和万用表，连接电路（注意函数信号发生器输出端口的接法），如图 3-26 所示。

2）设置函数信号发生器面板参数为：“～”“10”“kHz”“5.6”。

3）仿真后，改变[Amplitude]中数据（在 5.6 附近），使万用表面板显示为 4 V。

4）双击示波器图标，观察该正弦信号波形。

5）单击示波器面板上的[Reverse]，反转示波器背景颜色，如图 3-27 所示。

6）设置示波器参数，移动游标至合适位置，读出游标测量参数显示区内峰值和周期。

7）比较此时函数信号发生器面板中[Amplitude]的数据。

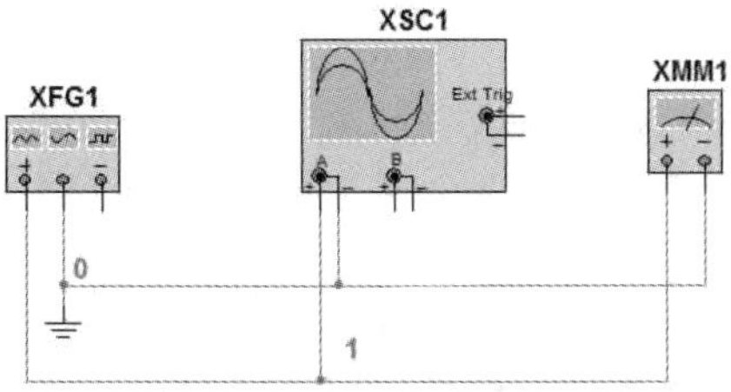

图 3-26　正弦信号测量电路

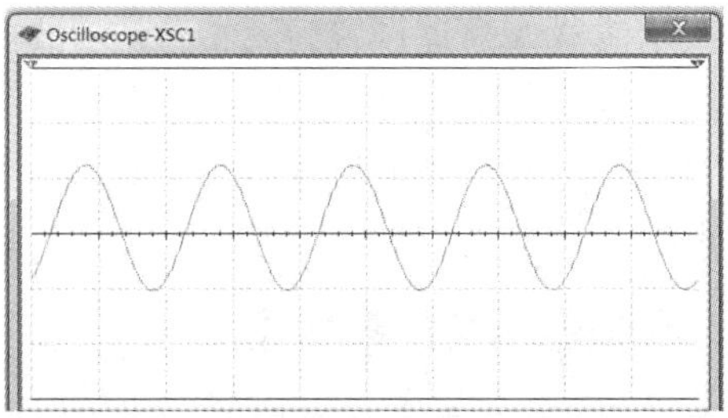

图 3-27　测量正弦信号时示波器显示的波形图

2. 矩形信号和锯齿波的测量

参照图 3-26，删除万用表，根据波形要求设置函数信号发生器面板上各项参数，特别注意[～ | ⊓⊔]和[Duty Cycle]的选择；设置示波器参数；显示波形，读取相关测量数据。

改变[Duty Cycle]中的参数，观察波形的变化情况。

3. 同频率正弦信号间相位差的测量

（1）由示波器 B 通道极性控制产生的相位差的测量

在 Multisim 中调用函数信号发生器和示波器，设置函数信号发生器的参数，连接电路，如图 3-28 所示，A、B 通道显示波形后，设置 B 通道极性为“ - ”即[AC 0 DC -]，读出周期和两波形相差的时间大小（也可换算成所占格数），即可计算出相位差。

（2）函数信号发生器“ + ”“ - ”端输出波形间相位差的测量

参照上述方法，用示波器直接显示函数信号发生器的“ + ”“ - ”端输出波形，显示屏显示两波形时，完成相位差的测量。

4. 叠加在直流偏置上的正弦信号的测量

在 Multisim 中按照图 3-26 所示，连接电路，开始仿真。

1）示波器 A 通道应设置为[AC 0 DC]，设置[Y position]参数，使扫描基线与某一刻度线重合，如图 3-29 中“粗线”所示，即确定了“电压 0 V 刻度线”的位置。

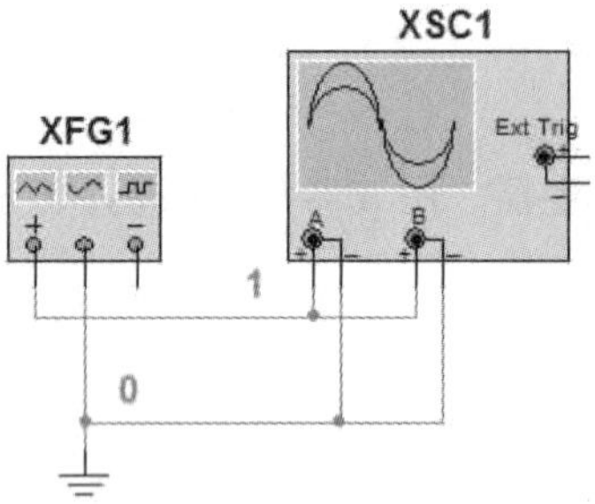

图 3-28　相位差测量电路

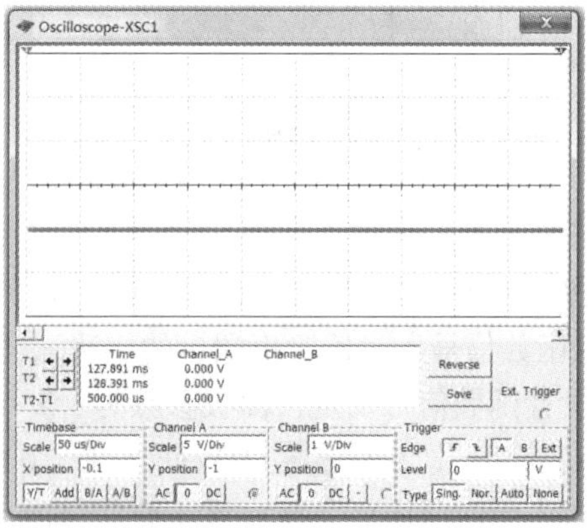

图 3-29　确定“电压 0 V 刻度线”的位置

2）按照表 3-19 的要求，设置函数信号发生器参数，特别注意[Offset]中数据的设置，产生一个叠加在直流偏置上的正弦信号。

3）改示波器 A 通道设置为[AC 0 DC]，示波器显示该波形。

4）读出直流电压及交流信号各参数。

5）再次将示波器 A 通道设置为[AC 0 DC]，与步骤 3）显示的信号对比，找出它们的共同点和不同点。

3.4.5　实验要求与注意事项

1）为了提高实验测量的准确度，连接电路和进行测量时应尽量将函数信号发生器、交流电压表和双踪示波器的接地端共接在一起，以减少仪表之间的相互影响。

2）交流电压表是灵敏度很高的仪表，测量时应注意正确地连接和断开输入端接线，并选择合适的量程，以防打表。

3.4.6 实验设备

函数信号发生器	一台
交流电压表	一台
双踪示波器	一台

3.4.7 实验报告与思考题

1. 实验报告

1）列写各实验数据表格。

2）分析各仪表的使用范围。

3）完成 3.4.4 节中“4. 同频率正弦信号间相位差的测量”→“（2）函数信号发生器‘+’、‘-’端输出波形间相位差的测量”的内容，并给出波形间相位差的测量电路图和仿真结果图。

2. 思考题

1）如果用万用电表替代交流电压表测量表 3-15 中两个正弦信号电压幅度，结果会怎样？为什么？

2）能否使用万用表或交流电压表测量表 3-16中矩形信号的电压幅度？为什么？

3）用示波器观测一个周期矩形信号，波形与测量数据如图 3-30 所示，请回答：

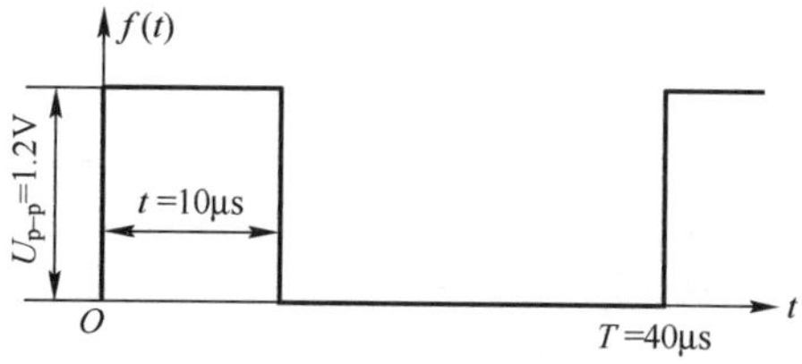

图 3-30 某一周期性矩形信号波形

① 函数信号发生器的输出频率和输出幅度应如何预置？

② 若使 U_{p-p} 在显示屏上所占的格数发生变化，可以通过改变函数信号发生器的幅度旋钮、示波器垂直偏转灵敏度旋钮或垂直偏转灵敏度微调旋钮等三种方法实现，这三种调整方法影响该波形的测量结果吗？为什么？

③ 若调整脉宽 $\tau=20\ \mu s$，有几种调整方法，如何实现？

4）双踪示波器扫描速度微调旋钮的调整影响相位差的测量结果吗？为什么？

3.4.8 实验预习

1）复习几种常见的交流信号。

2）了解实验内容及实验原理。

3）熟悉函数信号发生器、交流电压表和双踪示波器的使用方法。

3.5 正弦稳态电路的研究

3.5.1 实验目的

- 理解 R、L、C 元件端电压与电流之间的关系。

- 研究正弦稳态电路中电压与电流之间的相量关系。
- 学习使用双踪示波器测量同频信号相位差的方法。

3.5.2 实验原理

1. 正弦稳态电路

在正弦激励的动态电路中，其电压、电流均为与激励信号同频率的正弦信号，称为正弦稳态电路。

2. 基尔霍夫电压、电流定律

正弦稳态电路的分析方法采用相量分析法，电路中电压、电流的矢量依然满足基尔霍夫电压、电流定律，即

$$\sum \dot{U} = 0 \qquad \sum \dot{I} = 0$$

3. 电压电流关系

当元件上电流与电压参考方向一致时，R、L、C 元件的电压电流关系为

电阻 R 两端的正弦电压与流过电阻的正弦电流之间符合公式 $\dot{U} = R\dot{I}$，其电压与电流波形的相位一致，如图 3-31 所示。

电感 L 两端的正弦电压与流过电感的正弦电流之间符合公式 $\dot{U} = Z_L\dot{I}$，其中，$Z_L = j\omega L$，电压的相位超前电流的相位 90°，如图 3-32 所示。

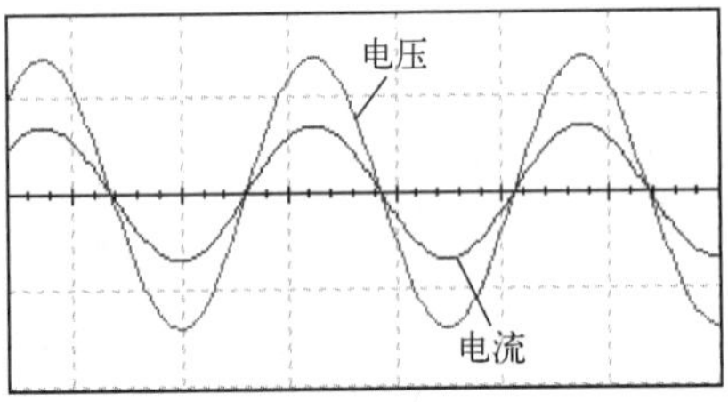

图 3-31　电阻上的电压与电流同相

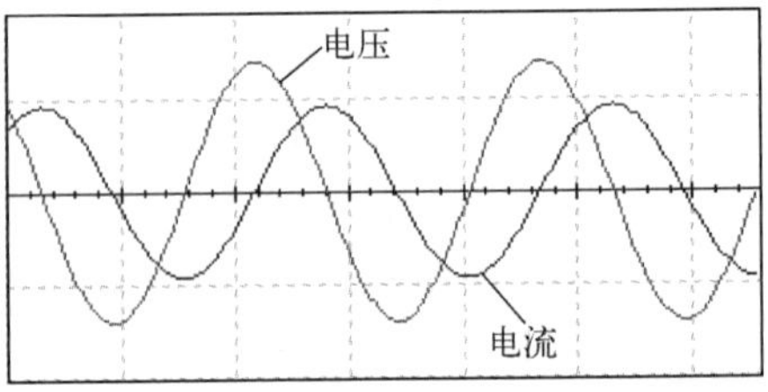

图 3-32　电感上电压的相位超前电流 90°

电容 C 两端的正弦电压与流过电容的正弦电流之间符合公式 $\dot{U}_x = Z_C\dot{I}$，其中，$Z_C = 1/j\omega C$，电压的相位滞后电流的相位 90°，如图 3-33 所示。

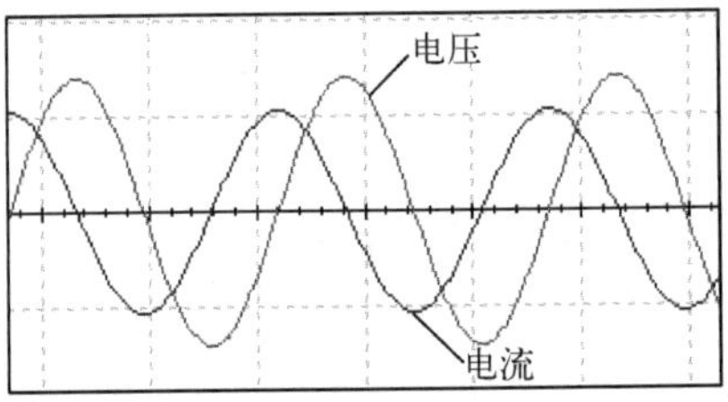

图 3-33　电容上电压的相位滞后电流 90°

4. 取样电阻

在实验中，观测某一支路端电压和流过的电流之间的相位关系时，需要测量电压和电流的波形。由于示波器观测波形时是并接在被测支路两端的，因此，电压的波形可以用示波器方便地观察，而电流的波形就不能用示波器直接观察。通常采用的方法是在被测支路中串入一个阻值较小的取样电阻，把被测电流的波形转换成按相同规律变化的电压波形，然后再用双踪示波器同时观测。

3.5.3　实验内容与步骤

1. 测量 *R*、*L*、*C* 元件上电压与电流的相位关系

1）按图 3-34 连接好电路。函数信号发生器作为信号源提供正弦信号，其频率为8 kHz，幅度的有效值 $U=1\text{ V}$，用双踪示波器观测电感两端的电压与流过电感的电流之间的相位差，测量时要求读出正弦信号一个周期所占的格数 A，以及两个波形的相位差所占的格数 B。将测量数据填入表 3-20。

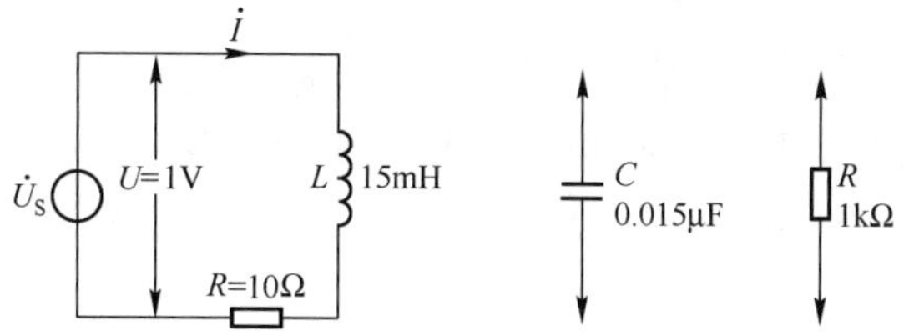

图 3-34　测量 *R*、*L*、*C* 元件上电压与电流的相位关系的实验电路

2）将图 3-34 中的电感换成电容，用双踪示波器观测电容两端电压与流过电容的电流之间的相位差。将测量数据填入表 3-20。

3）将图 3-34 中的电容换成电阻，用双踪示波器观测电阻两端电压与流过电阻的电流之间的相位差。完成表 3-20。

说明： 图中的 $R=10\,\Omega$ 是提供测量电流用的取样电阻。实验中，利用取样电阻上的电压波形代替流经被测元件的电流波形，方便测量相位差。

表 3-20　*R*、*L*、*C* 元件上电压与电流的相位差

电压与电流的相位差		电　感	电　容	电　阻
理　论　值				
双踪示波器测量值	B			
	A			
	相位差			

注意： 测量时，为减少测量误差，可调整正弦波周期所占格数为接近于 10 的整数，然后再读取两波形之间相差所占的格数 B。

2. 研究 *RL* 串联电路中电压与电流的相位关系

按图 3-35 连接好实验电路，函数信号发生器作为信号源提供正弦交流信号，调整其输出频率为 8 kHz，调整其输出幅度使电压有效值 $U=4\text{ V}$，用交流毫伏表测量各元件上的电压数值，其矢量图如图 3-36 所示，并根据测量值计算 U、ϕ，将测量数据与计算数据分别填入表 3-21。

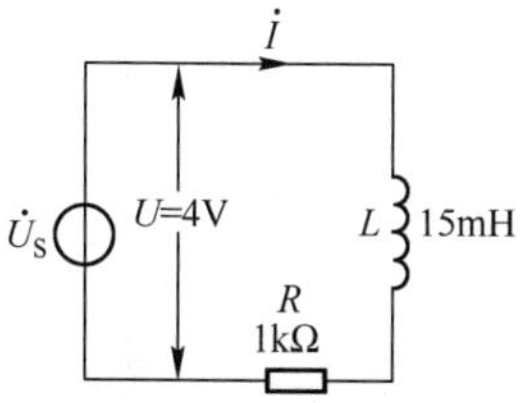

图 3-35　*RL* 串联电路

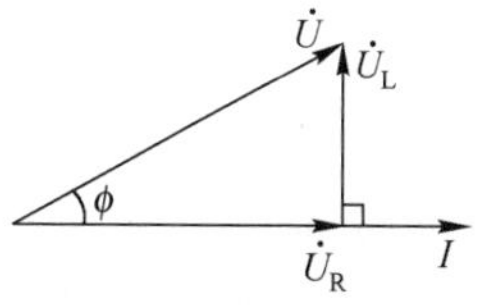

图 3-36　电路矢量图

用双踪示波器测量电路中总电压 U 与总电流 I 的相位差 ϕ，填入表 3-21。

表 3-21 研究电压与电流的相量关系

	测量与计算					示波器测量		
	U	U_R	U_L	计算 U	计算 ϕ	A	B	测量 ϕ
理论值	4 V							
实测值								

3. 研究 *RLC* 串联电路的相量关系

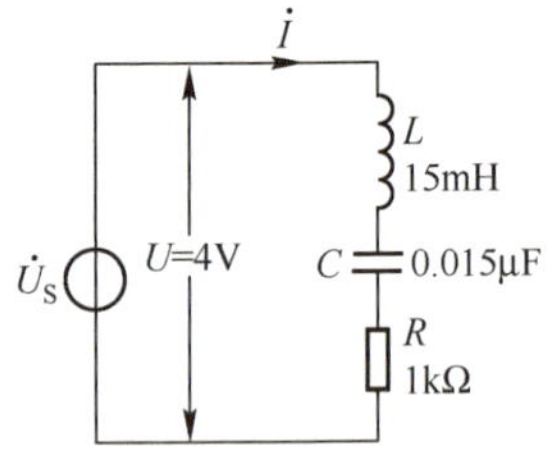

图 3-37 *RLC* 串联电路

1）按图 3-37 连接好电路。函数信号发生器输出幅度的调整方法与前面实验相同，输出频率分别调整为 8 kHz 和 15 kHz，用交流毫伏表分别测量两种频率下各元件上的电压数值，将测量数据填入表 3-22。

2）双踪示波器测量串联电路中总电压 U 与总电流 I 的相位差 ϕ。将测量数据记入表 3-22“示波器测量”一栏。

3）根据上述电路及用交流毫伏表测量的各电压有效值数据，计算总电压 U 和总电流 I 的相位差 ϕ，填入表 3-22。画出两种频率下相量关系图，并分析其电路性质。

表 3-22 测定 *RLC* 串联电路

f	交流毫伏表						示波器测量		
	U	U_R	U_L	U_C	计算 U	计算 ϕ	A	B	测量 ϕ
8 kHz 理论值	4 V						—	—	—
8 kHz 实测值									
15 kHz 理论值	4 V						—	—	—
15 kHz 实测值									

3.5.4 实验要求与注意事项

1）为了提高测量准确度，减小仪器间的相互影响，连接电路和进行测量时应注意尽量将函数信号发生器、交流毫伏表、示波器和实验电路的接地端共接在一起。

2）测量两个波形的相位差时，应正确连接电路，特别要注意正确选择示波器两对输入线公共接点的连接方式。

3.5.5 实验设备

函数信号发生器	一台
交流毫伏表	一台
双踪示波器	一台
综合实验箱	一台

3.5.6 实验报告与思考题

1. 实验报告

1）列写各实验数据表格。

2）利用实验测量数据，画出 R、L、C 元件上电压和流过的电流之间的相量关系图；画出 RL、RLC 串联电路相量关系图，并分析电路性质。

2. 思考题

用双踪示波器测量两个同频率正弦量的相位差时：

1）仪表间如何正确连线？请画图示意。

2）双踪示波器的主要旋钮如何预置？

3）双踪示波器扫描速度微调旋钮的调整影响相位差的测量吗？

3.5.7 实验预习

1）复习正弦稳态电路的相关知识。

2）了解本次实验内容和实验原理，计算表 3-21、表 3-22 的理论值。

*3）仿照第 1.5.3 节中“3. 波特图示仪”→“(4) 应用举例”中的 Multisim 虚拟仪器使用例题，对表 3-21 中各电压幅度以及相位差进行分析和测量。

3.6 系统频率特性的测试

3.6.1 实验目的

- 掌握系统频率特性曲线的测试方法。
- 了解常用线性系统的选频特性和相移特性。

3.6.2 实验原理

1. 系统的频率响应特性

从理论课程的学习中可知，系统可以从时间域和频率域两个角度来进行研究。一个 LTI 系统，时域、频域之间的关系符合图 3-38。

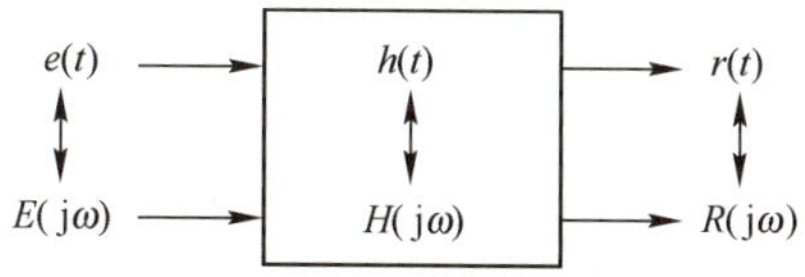

图 3-38 LTI 系统时域、频域之间的关系

把系统的频域响应向量 $R(\mathrm{j}\omega)$ 与激励向量 $E(\mathrm{j}\omega)$ 相比，即得到系统的频率响应特性

$$H(\mathrm{j}\omega)=\frac{R(\mathrm{j}\omega)}{E(\mathrm{j}\omega)}=|H(\mathrm{j}\omega)|\mathrm{e}^{\mathrm{j}\varphi(\omega)}$$

系统的频率响应特性其模 $|H(\mathrm{j}\omega)|$ 和辐角 $\varphi(\omega)$ 都是频率的函数。$|H(\mathrm{j}\omega)|$ 称为系统

的“幅度频率响应特性”，它反映了响应与激励在幅度上与频率的关系，简称幅频特性；$\varphi(\omega)$称为系统的“相位频率响应特性”，它反映了响应与激励的相移与频率的关系，简称相频特性。幅频特性和相频特性统称为系统的“频率响应特性”，简称“频率特性”或“频响特性”。

根据系统激励与响应向量的不同（电压或电流），可以分为图 3-39 所示的 6 种系统频率响应特性函数。例如，当激励和响应位于同一对端口时称为“策动点函数”，激励和响应位于不同端口时称为“转移函数”。其中，用得最多的是转移电压比，如图 3-39e 所示。

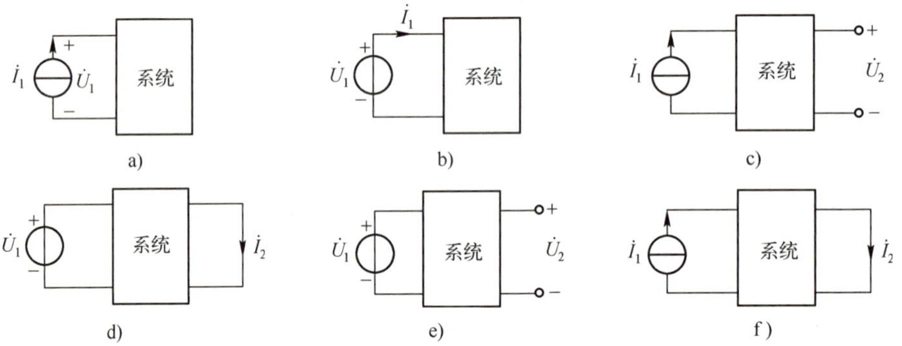

图 3-39　6 种系统频响特性函数

a) 策动点阻抗 = $\dot{U}_1/\dot{I}_1$　b) 策动点导纳 = $\dot{I}_1/\dot{U}_1$　c) 转移阻抗 = $\dot{U}_2/\dot{I}_1$

d) 转移导纳 = $\dot{I}_2/\dot{U}_1$　e) 转移电压比 = $\dot{U}_2/\dot{U}_1$　f) 转移电流比 = $\dot{I}_2/\dot{I}_1$

2. 系统频率特性的测试方法

系统频率特性分为系统的幅频特性和相频特性两大部分。

(1) 系统幅频特性的测试

系统幅频特性的测量方法主要有逐点描绘法和扫频测量法。

逐点描绘法是严格按照频率特性的定义进行的。图 3-40 为逐点描绘法测量系统频率特性的原理框图。其中，信号发生器为系统提供频率可调、幅度恒定的输入电压 U_1，在整个工作频段内逐点改变输入信号的频率 f，用交流电压表分别测出对应各个测量频率 f 时的输入电压 U_1 和输出电压 U_2，计算出 U_2 与 U_1 的比值，即可根据测量数据描绘出幅频特性曲线。

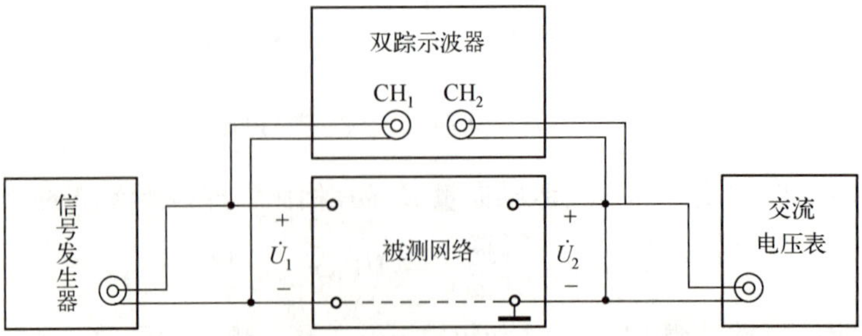

图 3-40　逐点描绘法测量系统频率特性的原理框图

逐点描绘法的优点是可以使用常用的简单仪器进行测量，但由于测量一条特性曲线需取的频率点一般需要 10 个以上，较费时间。而且由于测量时间过长会因测量仪器不稳定等原因影响到测试数据的准确性，因此，所测得的频率特性是近似的。

扫频测量法主要使用频率特性测试仪（又称扫频仪）进行测量，它能在仪表的荧光屏上直接显示出一定频率范围内的频率特性曲线。此方法本书不做详细介绍。

（2）系统相频特性的测试

系统相频特性可以采用示波器测量法和交流电压表间接测量法进行测试，这两种方法本质上仍然属于逐点描绘法。

采用示波器测量法可以根据图 3-40，使用双踪示波器来完成测试。即在整个工作频段内逐点改变输入信号的频率 f，测量出系统中同频率正弦输入信号 U_1 与输出信号 U_2 之间的时间差 B，以及该正弦信号的周期 A，然后根据公式 $\varphi=\frac{B}{A}\times 360$ 计算出相位差，即可描绘出相频特性曲线。

采用交流电压表间接测量法，则只适用于元件较少的电路系统。可以根据幅频测量时获得的输入电压 U_1 和输出电压 U_2，以及它们之间的相量关系图，计算出对应各频率点的相位差 φ，描绘出相频特性曲线。

3.6.3　实验内容与步骤

1. 测量 *RC* 高通电路的幅频特性和相频特性

（1）按照图 3-41 连接 *RC* 高通电路

根据原理，已知该电路的幅频特性和相频特性曲线如图 3-42 所示，其中 $f \geqslant f_c$ 频率范围为系统的通频带，截止频率 $f_c=\frac{1}{2\pi RC}$。

（2）测量幅频特性

在 0.2～12 kHz 范围之间选取测量频率点，用交流电压表测量 U_1 并保持其为 1 V，再测量对应各频率时 U_2 的数据，将数据记入表 3-23 中。计算 U_2/U_1，在坐标纸上逐点描绘 *RC* 高通电路的幅频特性曲线。

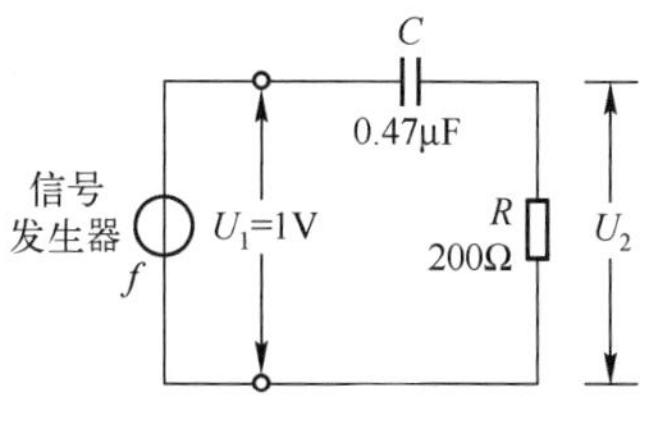

图 3-41　*RC* 高通电路

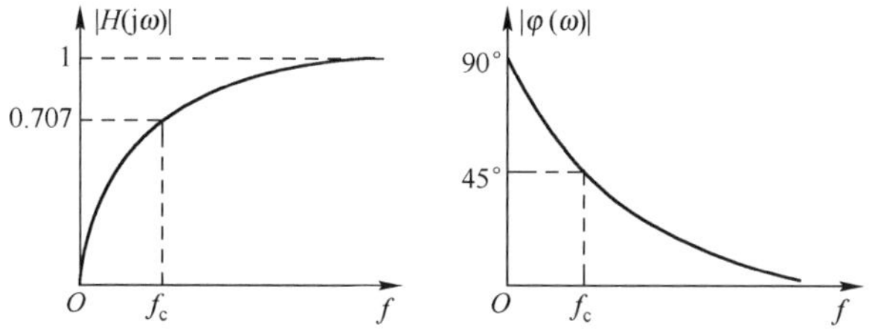

图 3-42　*RC* 高通电路的幅频特性和相频特性

表 3-23　*RC* 高通电路幅频特性和相频特性的测量

f/kHz	0.2		1.0				f'_c				6.0			12
$U_{2理论}$/V														

（续）

f/kHz	0.2		1.0				f'_c				6.0			12
U_1/V														
U_2/V														
U_2/U_1														
$\varphi_{理论}$/°														
$\varphi_{读测}$/°														
$\varphi_{量测}$/°														

注意记录f_c = ____________ ，f'_c = ____________。其中，f_c 为 *RC* 高通电路截止频率的理论值。当输入信号的频率 $f=f_c$ 时，输出信号的电压应符合 $U_2=0.707U_1$。实验中，请根据这一特性测出该电路截止频率的实际测量值f'_c。

（3）测量相频特性。

将双踪示波器同时输入电压 U_1 和 U_2，用双踪示波器读测对应不同频率时的相位差，数据记入表 3-23 中 $\varphi_{读测}$一栏。在坐标纸上逐点描绘 RC 高通电路的相频响应曲线。

根据交流电压表测量的 U_1 和 U_2，利用各电压间的相量关系，计算不同频率时的相位差，数据记入表 3-23 的 $\varphi_{量测}$一栏，将数据与 $\varphi_{读测}$数据进行比较分析。

2. 测量 *RC* 双 T 形电路的幅频特性

（1）连接电路

按照图 3-43 连接 *RC* 双 T 形电路，取 $R=1\ \text{k}\Omega$，$C=0.01\ \mu\text{F}$。

（2）测量幅频特性。

在 2 ~ 80 kHz 范围之间选取测量频率点，用交流电压表测量 U_1并保持其为 1 V，再测量对应各频率时 U_2 的数据，将测量数据记入表 3-24。

该 *RC* 双 T 形电路是一个带阻滤波器，其幅频特性如图 3-44 所示。当 $f=f_0=\dfrac{1}{2\pi RC}$时，输出电压最小，$U_2=U_{2\min}$（理论值为 0）。在 f_0 两边的两个截止频率 f_{c1} 和 f_{c2}之间为阻带，对应 U_2/U_1 的比值应为 0.707，且 $f_{c1}=(\sqrt{5}-2)f_0$，$f_{c2}=(\sqrt{5}+2)f_0$。

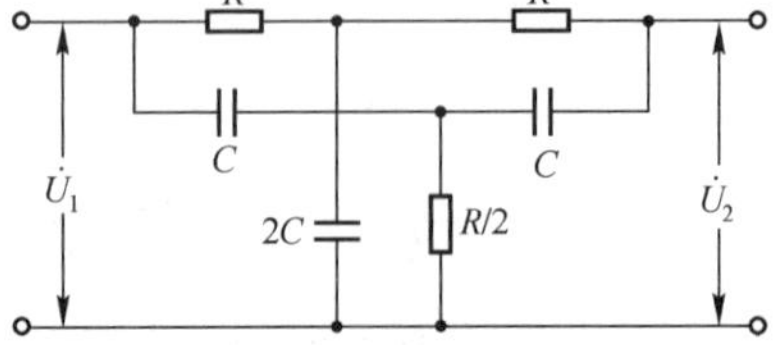

图 3-43　*RC* 双 T 形电路

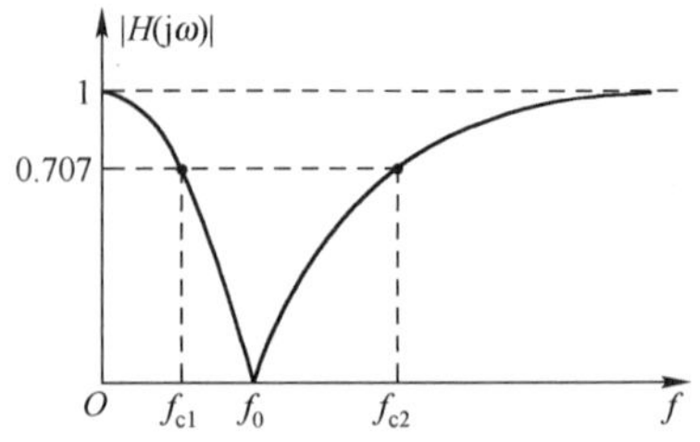

图 3-44　*RC* 双 T 形电路的幅频特性

实验中应测量出 $U_2=U_{2\min}$时电路的实际频率f'_0 以及f'_{c1}和f'_{c2}，将测量数据记入表 3-24。在坐标纸上逐点描绘 *RC* 双 T 形电路的幅频特性曲线。

表 3-24　*RC* 双 T 形电路幅频特性的测量

f/kHz	2			f'_{c1}			f'_0			f'_{c2}			80
$U_{2理论}$													
U_1/V													
U_2/V													
U_2/U_1													

f_0 =	f'_0 =	理论 $U_{2\min}$ =	实测 $U_{2\min}$ =
f_{c1} =	f'_{c1} =	f_{c2} =	f'_{c2} =

3.6.4 Multisim 仿真分析

下面以 *RC* 双 T 形电路为例，进行系统频率特性的 Multisim 仿真分析。

1. 用波特图示仪测量系统的频率特性曲线

(1) 连接电路

在 Multisim 仿真环境下连接实验电路，然后将电路的输入端和输出端同时接入波特图示仪，如图 3-45 所示。

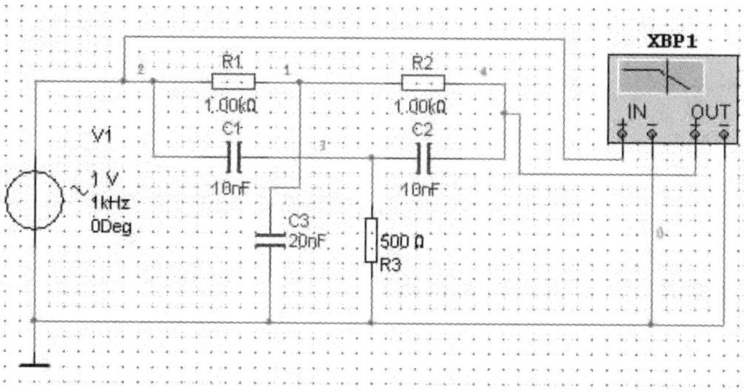

图 3-45　*RC* 双 T 形电路

(2) 设置测量参数

如图 3-46 所示，先选择测量幅度频率特性曲线（按下 Magnitude 按钮），再设置横轴（Horizontal）频率范围从 2 ~ 120 kHz，纵轴（Vertical）幅度范围从 0 ~ 1 V。

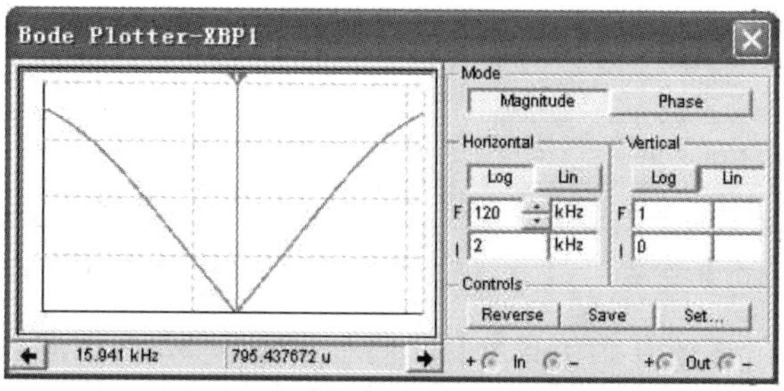

图 3-46　波特图示仪显示幅频特性测量曲线

（3）仿真

按下仿真开关，观察电路的频率特性曲线，拖动读数指针至幅度最小处。

从面板中读出当前值：频率为 15. 941 kHz 时，幅度为 795. 437672 μV。

拖动读数指针至幅度为 0. 707 V 的下截止频率处，可以测出频率为 3. 749 kHz，如图 3-47所示；拖动读数指针至幅度为 0. 707 V 的上截止频率处，可以测出频率为 67. 775 kHz，如图 3-48 所示。

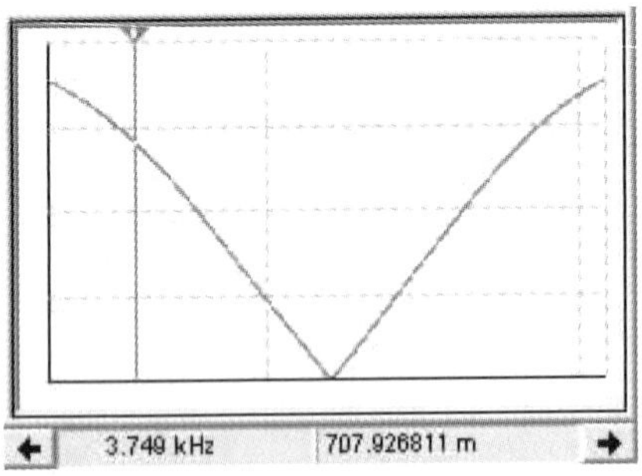

图 3-47　下截止频率

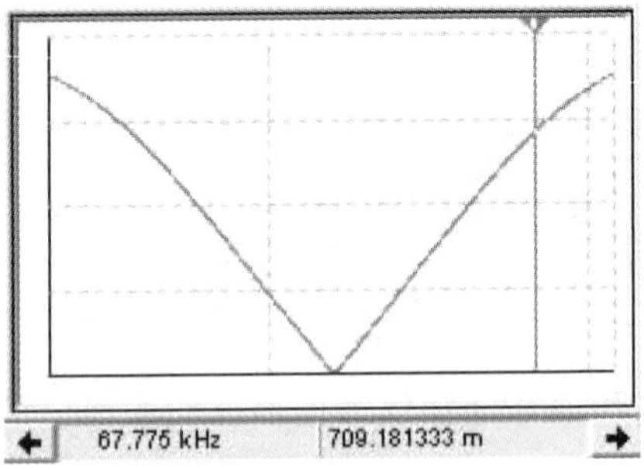

图 3-48　上截止频率

（4）测量相频特性

将设置参数改为测量相位频率特性曲线（按下 Phase 按钮），设置纵轴（Vertical）显示范围从 100 ~ -100，如图 3-49 所示。

从面板中读出当前值：频率为 3. 749 kHz 时，角度为 -44. 934°。其他频率对应的相位请同学们自行验证。

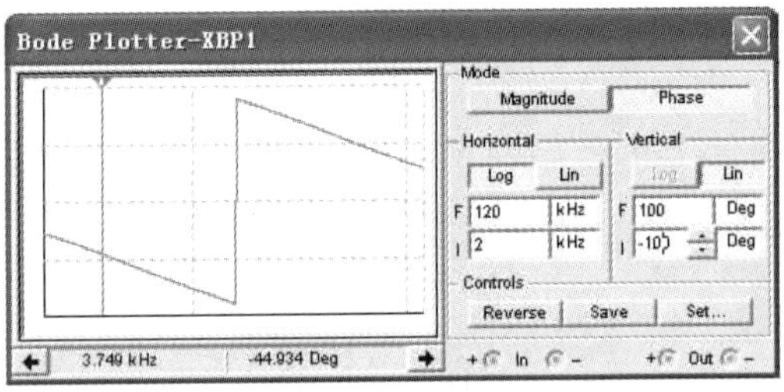

图 3-49　波特图示仪显示相频特性测量曲线

2. 用仿真分析法测量系统的频率特性曲线

1）执行菜单命令“Simulation”→“Analyses”→“AC Analysis”，弹出图 3-50 所示对话框。设置分析参数为频率范围 2 kHz ~ 80 kHz，扫描方式 Linear，扫描点数 100，垂直标尺采用 Linear，输出变量（Output Variable）选择节点号 $4，如图 3-51 所示。

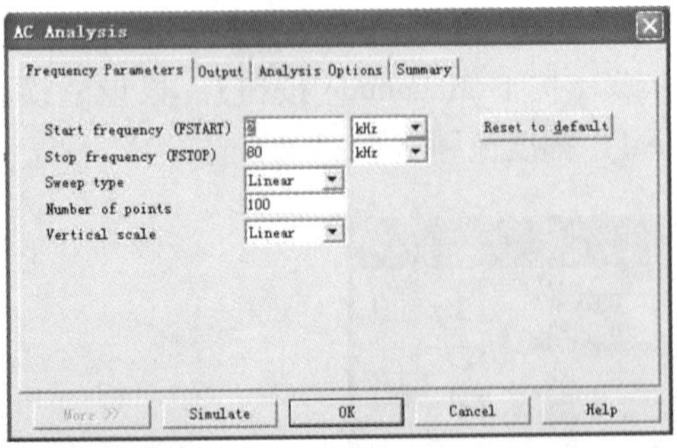

图 3-50　设置分析参数

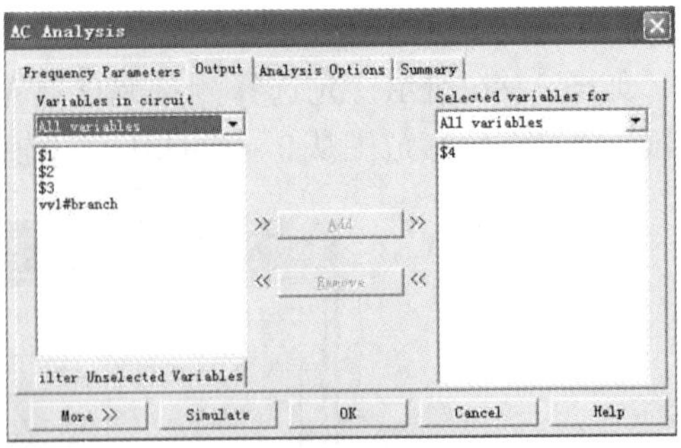

图 3-51　选择节点号 $4

2）单击“Simulate”按钮开始仿真分析。将显示图 3-52 所示曲线。

3）选定分析图，单击，将显示读数轴和数据。

分析结果如图 3-53 左图所示：最小值频率点 15. 969 kHz 处，幅度为 10. 5567 mV；上截止频率为 67.4419 kHz 处，幅度为 707.2374 mV。如图 3-53 右图所示：下截止频率为 3.8388 kHz 处，相位为 -45.5727°；上截止频率为 67.4088 处，相位为 45.0049°。

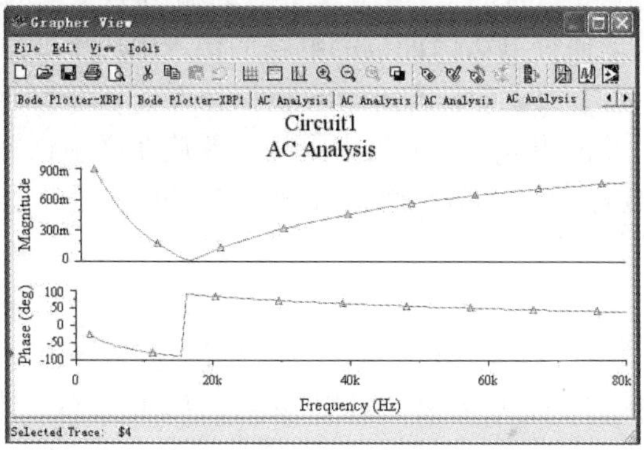

图 3-52　仿真分析显示幅频特性测量曲线

AC Analysis

	$4
x1	15.9690k
y1	10.5567m
x2	67.4419k
y2	707.2374m
dx	51.4729k
dy	696.6807m
1/dx	19.4277□
1/dy	1.4354
min x	2.0000k
max x	80.0000k
min y	8.2977m
max y	890.5759m
offset x	0.0000
offset y	0.0000

	$4
x1	3.8388k
y1	-45.5727
x2	67.4088k
y2	45.0049
dx	63.5701k
dy	90.5776
1/dx	15.7307□
1/dy	11.0403m
min x	2.0000k
max x	80.0000k
min y	-89.0454
max y	89.5246
offset x	0.0000
offset y	0.0000

图 3-53　仿真分析参数

3.6.5　实验要求与注意事项

1）在测量频率范围内各频率点的选择应以足够描绘一条光滑而完整的曲线为准，在变化率小的地方可以少测几点，在变化率大的地方应多测几点，但测量点总数不得少于 10 个。

2）测量各频率特性时，应注意在改变频率时保持被测电路的输入电压不变。

3.6.6　实验设备

信号发生器	一台
交流电压表	一台
双踪示波器	一台
综合实验箱	一台

3.6.7　实验报告与思考题

1. 实验报告

1）列写各实验数据表格。

2）绘制各实测频率响应特性曲线。

2. 思考题

1）在测量系统的频率响应特性时，信号发生器的输出电压一般会随着频率的调整而变化，为什么？实验中，采取何种方法保证被测电路的输入电压不变？

2）用双踪示波器测量两个同频率正弦量的相位差时，仪表间应如何正确连线？以 *RC* 高通电路为例画图表示。并说明双踪示波器上哪些主要旋钮必须预置。

3）理论上 *RC* 双 T 形电路，当 $f=f_0$时，$U_2=0$，实测时一般 $U_{2\min}\neq0$，为什么？

3.6.8 实验预习

1）阅读实验原理部分，学习系统频率响应特性的测量方法。

2）根据图 3-41 所示 *RC* 高通电路，计算该电路的通带截止频率 f_c，并分别计算在 $f=0.2$、1.0、6.0、12.0 kHz 时的 U_2和 φ 的理论值，填入表 3-23 中。

3）根据图 3-43 所示的 *RC* 双 T 形电路，计算该电路 f_0、f_{c1}和 f_{c2}的理论值，并将数据填入表 3-24。

3.7 互感耦合电路的研究

3.7.1 实验目的

- 用实验方法测定两个线圈的同名端。
- 用实验方法测定互感线圈的互感量 *M*。
- 观察互感耦合电路次级负载对初级回路的影响。

3.7.2 实验原理

图 3-54 表示具有磁耦合的两个线圈。根据同名端的定义，当电流 I_1、I_2同时从 1、3 流入（流出）两线圈时，两线圈中自感磁链与互感磁链方向一致，则 1、3 或 2、4 为同名端，反之，1、4 或 2、3 为同名端。若线圈的绕向和相互位置无法判别时，可根据同名端的定义，用实验的方法确定。

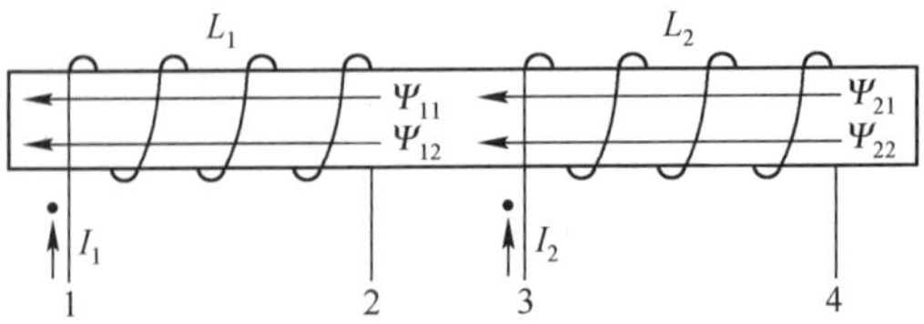

图 3-54 互感线圈

1. 测定两个线圈同名端的原理

（1）用直流通断法测两个线圈的同名端

两个线圈的同名端具有同极性的特点，即当初级线圈接通直流电源的瞬间，初级线圈接电源正极的一端与次级线圈产生感应电压正极的一端为同名端。根据这一特性，可按照图 3-55连接电路，线圈 L_1的 1 端接直流电源正极，用万用表测量线圈 L_2的 3、4 端电压，观察在开关 S 闭合的瞬间万用表指针偏转的情况，判断次级线圈感应电压的极性，确定两个线圈的同名端，如万用表指针正向偏转，则次级线圈连接万用电表正极的一端与初级线圈 L_1 的 1 端为同名端。测量时如万用表指针反向偏转，则连接万用表正极的一端与初级线圈 L_1 的 1 端为异名端。

（2）用等效电感法测定两个线圈的同名端

两个存在互感的线圈顺串时，磁通互相增强，总等效电感量增大；反串时，磁通部分抵消，总等效电感量减小。根据这一特性，可以按图 3-56 连接电路，线圈 L_1 的一端，分别与线圈 L_2 的两端相连，分别测量出两种串联方法时的总等效电感量，判断两线圈是顺串或反串，确定两个线圈的同名端。

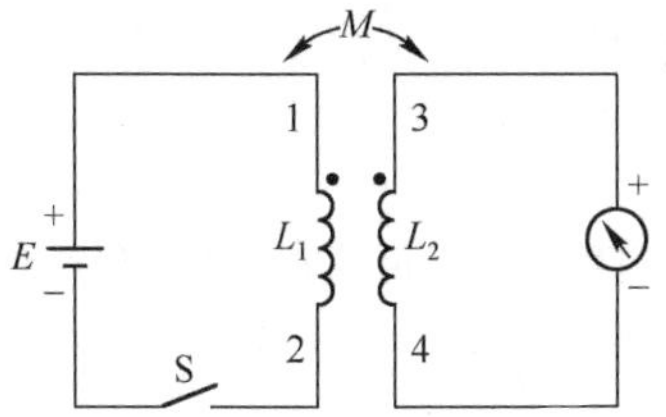

图 3-55　直流通断法测线圈同名端电路

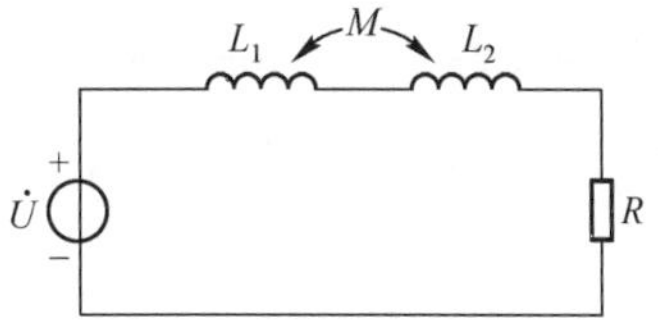

图 3-56　等效电感法测线圈同名端电路

总等效电感量可以用万用电桥、高频 Q 表数字万用表等仪器直接测量，也可以用伏安法间接测量，图 3-56 中电阻 R 为用交流毫伏表间接测量电流值的取样电阻。

2. 测定互感线圈互感量 M 的原理

（1）用等效电感法测量 M

用等效电感法测量 M 的电路如图 3-56 所示，两个互感线圈顺串时总等效电感量为

$$L_{顺} = L_1 + L_2 + 2M$$

两个线圈反串时总等效电感量为

$$L_{反} = L_1 + L_2 - 2M$$

由前面二公式可求得互感量 M 为

$$M = \frac{L_{顺} - L_{反}}{4}$$

因此只需测量出两个互感线圈顺串时的总等效电感量 $L_{顺}$ 和反串时的总等效电感量 $L_{反}$，就可从上式中求出互感量 M 的值。

这种方法的主要缺点是测量准确度不高，特别是在 M 值很小时，$L_{顺}$ 与 $L_{反}$ 数值非常接近，即使 $L_{顺}$、$L_{反}$ 的测量相对误差很小，M 值的相对误差也可能很大。

（2）用互感电压法测量 M

互感电压法测量 M 的电路如图 3-57 所示，在互感耦合电路中初级线圈接信号源，电压为 $\dot{U}$，初级电流为 $\dot{I}_1$，当次级线圈开路时，次级线圈产生的感应电压为 $\dot{E}_2$，则 $\dot{E}_2 = \mathrm{j}\omega M\dot{I}_1$，故

$$M = \frac{E_2}{\omega I_1}$$

式中，ω 已知，只需测出当次级线圈开路时的初级电流 I_1 和次级感应电压 E_2，即可计算出 M 值。图中初级回路中的电阻 R 为间接测量 I_1 的取样电阻。

3. 互感耦合电路次级负载对初级回路的影响

图3-58a所示为互感耦合电路次级接入负载 Z_L，图3-58b为其初级等效电路，其中 Z_{ref} 为次级回路总阻抗 Z_{22} 反映到初级的阻抗，称为反映阻抗，即

$$Z_{ref}=\frac{(\omega M)^2}{Z_{22}}$$

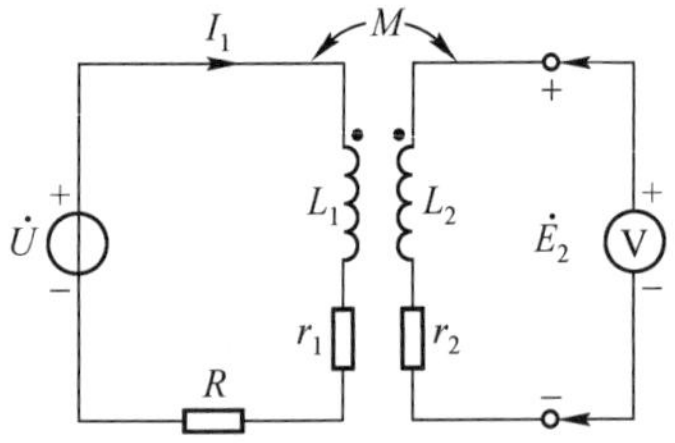

图3-57　互感电压法测量 M 电路图

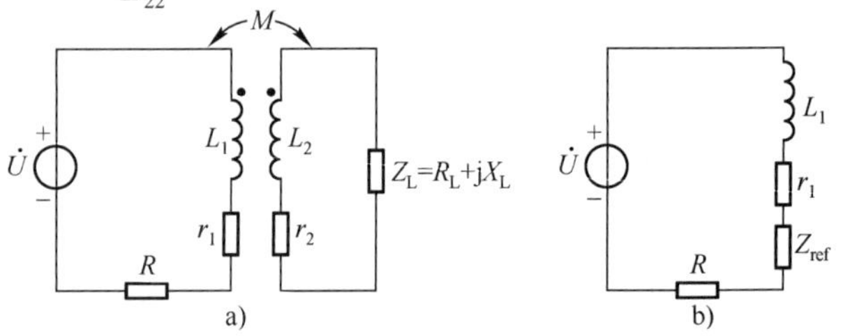

图3-58　互感电路中次级负载对初级谐振频率的影响
a）互感耦合电路　b）初级等效电路

其中

$$Z_{22}=r_2+j\omega L_2+Z_L=(r_2+R_L)+j(\omega L_2+X_L)=R_{22}+jX_{22}。$$

由此可知，初级回路的阻抗为

$$Z=Z_{11}+Z_{ref}=(R+r_1+j\omega L_1)+\frac{(\omega M)^2}{R_{22}+jX_{22}}$$

$$=\left[R+r_1+\frac{(\omega M)^2}{R_{22}^2+X_{22}^2}\cdot R_{22}\right]+j\left[\omega L_1+\frac{-(\omega M)^2}{R_{22}^2+jX_{22}^2}\cdot X_{22}\right]$$

由上式可知，次级回路电阻 R_{22} 反映到初级回路仍为电阻，次级回路电抗 X_{22} 反映到初级回路仍为电抗 $\left[\frac{-(\omega M)^2}{R_{22}^2+X_{22}^2}\cdot X_{22}\right]$，但符号相反。若次级电抗 X_{22} 为容性，则反映到初级回路的电抗为感性，表明次级负载直接影响初级回路总阻抗的性质。次级回路的负载对初级回路的影响可以通过实验的方法进行观察，具体方法是保持初级回路输入电压不变，当次级线圈连接的负载发生变化时，观测初级回路电流的变化，分析次级负载对初级回路的影响。

3.7.3　实验内容与步骤

1. 测定实验板上两个线圈的同名端

按图3-56连接电路。其中函数信号发生器输出频率为50 kHz，电压有效值为4 V的正弦波。R 为10 Ω取样电阻，做间接测量电流值用。测量时两线圈间距离为2 cm。将测量数据填入表3-25。

表3-25　测定同名端

		第一次测量	第二次测量
连接顺序			
I/mA			
结论	顺、反串		
	同名端		

2. 测定实验箱上两个线圈的距离为2 cm时的互感量 M

分别用等效电感法和互感电压法测量两线圈间的互感量 M，电路如图3-56和图3-57所示，

数据填入表3-26。

表3-26 测定互感量M

距离	等效电感法					互感电压法		
	顺串		反串		M	I_1	E_2	M
	$I_{顺}$	$L_{顺}$	$I_{反}'$	$L_{反}$				
2 cm								

3. 观察互感耦合电路的次级负载对初级回路的影响

如图3-59所示，函数信号发生器输出频率为50 kHz，电压有效值为4 V的正弦波，取$R=10\,\Omega$，当次级负载如表3-27中所示时，分别测定初级回路的电流，填入表3-27中，分析次级负载对初级回路的影响。

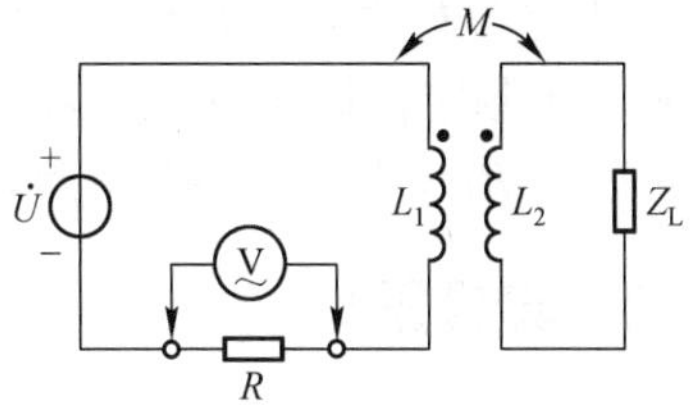

图3-59 研究次级负载对初级回路的影响

表3-27 研究次级负载对初级回路的影响

次级负载	开路	短路	$C=1800\text{ pF}$	$L=1.5\text{ mH}$	$R=470\,\Omega$
U_R/V					
I_1/mA					

3.7.4 实验设备

函数信号发生器　一台

交流毫伏表　一台

综合实验箱　一台

3.7.5 实验报告与思考题

1. 实验报告

1）整理实验数据，进行必要的计算。

2）总结测量方法，分析实验数据。

2. 思考题

分析本实验中当次级回路接不同性质的负载时，初级回路电流如何变化？为什么？

3.7.6 实验预习

1. 实验预习

1）复习互感耦合电路的相关知识。

2）了解本次实验内容，看懂实验原理。

2. 思考题

1）如何判定两耦合线圈的同名端？

2）两个线圈之间的互感量与哪些因素有关？

3）在互感耦合电路中次级负载对初级回路的影响与哪些因素有关？

3.8 *RLC* 串联、并联谐振电路的研究

3.8.1 实验目的

- 加深对 *RLC* 串联、并联谐振电路特性的理解。
- 掌握 *RLC* 串联、并联电路的调谐方法。
- 掌握测定谐振曲线、通频带及特性参数的方法。
- 研究 *RLC* 串联、并联电路负载对谐振电路特性的影响。

3.8.2 实验原理

1. *RLC* 串联谐振电路

（1）谐振的概念

如图 3-60 所示为 *RLC* 串联电路，当信号源频率 f 等于某一频率 f_0 时，电路等效电抗等于零，即 $\omega_0 L-\dfrac{1}{\omega_0 C}=0$，电路等效阻抗呈纯阻性，此时电路处于串联谐振状态。

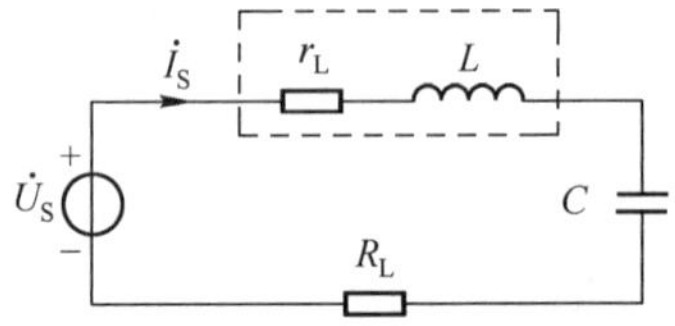

图 3-60 *RLC* 串联谐振电路

谐振频率 $f_0=\dfrac{1}{2\pi\sqrt{LC}}$，仅由电路的元件参数 L、C 决定，所以 f_0 又叫电路的固有频率。

使电路产生谐振的方法有两种：改变信号源频率使其等于电路的固有频率，或者改变电路的元件参数 L、C，即改变电路的固有频率使其等于信号源频率。

（2）串联电路谐振特性

串联电路电流 I 与信号源频率 f 的关系曲线称为串联谐振曲线，如图 3-61 所示，由图可知，谐振时 $I=I_0$ 电流最大。

图 3-62 为电容电压 U_C、电感电压 U_L 与信号源频率 f 的关系曲线。由图可知

$$f=f_{Cmax}, U_{Cmax}=\frac{Q}{\sqrt{1-\dfrac{1}{4Q^2}}}U_S$$

$$f=f_{Lmax}, U_{Lmax}=\frac{Q}{\sqrt{1-\dfrac{1}{4Q^2}}}U_S$$

并且 $U_{Cmax}=U_{Lmax}$，但是 $f_{Cmax}\leqslant f_{Lmax}$，当 $Q\geqslant 10$ 时，$f_{Cmax}\approx f_0\approx f_{Lmax}$。

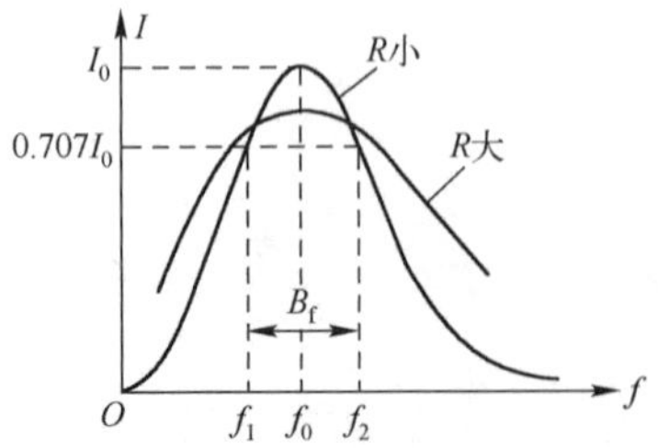

图 3-61 串联谐振曲线

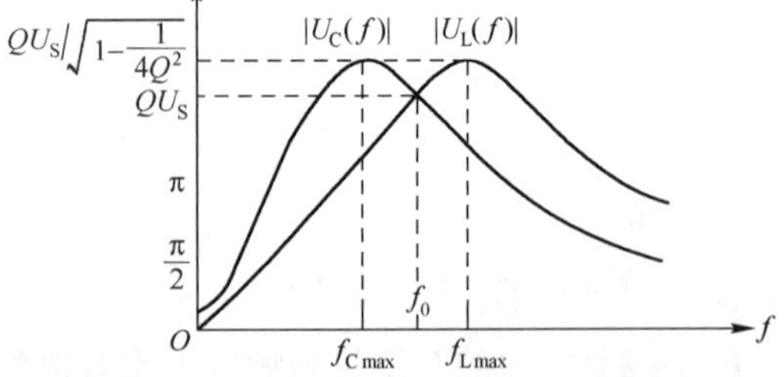

图 3-62 U_C、U_L 与 f 关系曲线

串联谐振时有如下特性：

谐振阻抗最小 $$Z_{OP}=R=R_L+r_L=\frac{\rho}{Q}$$

特性阻抗为 $$\rho=\omega_0L=\frac{1}{\omega_0C}=\sqrt{\frac{L}{C}}=Z_{OP}\cdot Q$$

电路的品质因数为 $$Q=\frac{\omega_0L}{R}=\frac{1}{\omega_0CR}=\frac{\rho}{R}=\frac{1}{R}\sqrt{\frac{L}{C}}$$

电容电压等于电感电压 $$\dot{U}_C=-\mathrm{j}Q\dot{U}_S,\dot{U}_L=\mathrm{j}Q\dot{U}_S$$

谐振回路电流最大 $$\dot{I}_0=\frac{\dot{U}_S}{R}$$

由图 3-61 可知，$I\geqslant0.707I_0$ 所对应的频率范围为串联电路的通频带，$B_f=f_0/Q$。在电路的参数 L、C 确定的情况下（即 f_0 一定），Q 的大小只取决于 R 的大小，$Q=\frac{1}{R}\sqrt{\frac{L}{C}}$，这说明 R 越大，Q 越小，B_f 越大，电路的选择能力越差，如图 3-61 所示，所以 Q 用来衡量谐振曲线的陡峭程度，反映了电路对输入信号频率的选择能力。

2. *RLC* 并联谐振电路

RLC 并联谐振电路与串联谐振电路相对偶。当 $f=f_0=\frac{1}{2\pi\sqrt{LC}}$，$\omega_0L-\frac{1}{\omega_0C}=0$ 时，响应电压与激励电流同相，并联电路谐振。

响应电压与信号源频率 f 的关系曲线称为并联谐振曲线。*RLC* 并联电路谐振曲线与串联电路的谐振曲线相同，只是纵轴为并联电路两端电压，谐振时 $U=U_0$ 电压最大。$I_L\sim f$，$I_C\sim f$ 曲线与串联电路 $U_L\sim f$，$U_C\sim f$ 相同。

实际的 *RLC* 并联电路如图 3-63a 所示，并联谐振电路以电流源作为激励，对 ab 端并联电路而言，信号源支路可认为恒流源，假设其电流为 $\dot{I}_S$，则

$$\dot{U}_{ab}=Z_{ab}(\mathrm{j}\omega)\cdot\dot{I}_S$$

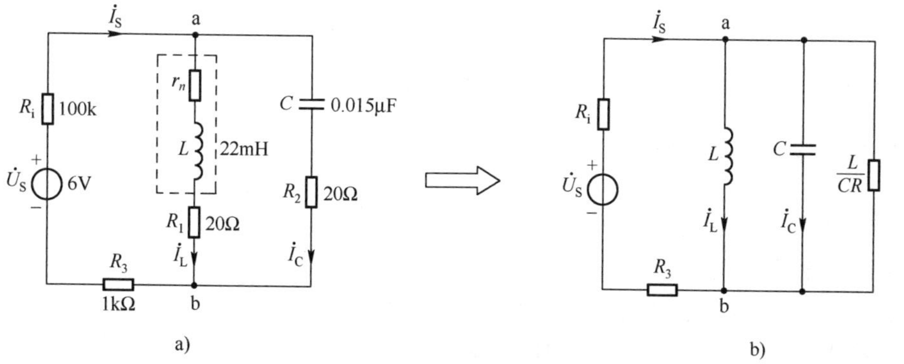

图 3-63　并联谐振电路

a）*RLC* 并联电路　b）等效电路

$$Z_{ab}(j\omega) = \frac{(r_L + R_1 + j\omega L)\left(R_2 + \frac{1}{j\omega C}\right)}{r_L + R_1 + j\omega L + R_2 + \frac{1}{j\omega C}}$$

由于线圈损耗 r_L 较小，R_1、R_2 为测量电流用的小电阻，在谐振频率附近 $\frac{1}{\omega C} >> R_2$，$\omega L >> (r_L + R_1)$，因此，设 $r_L + R_1 + R_2 = R$，R 为 L、C 闭合回路总电阻，则

$$Z_{ab}(j\omega) = \frac{\frac{L}{C}}{R + j\left(\omega L - \frac{1}{j\omega C}\right)} = \frac{1}{\frac{C}{L}R + j\left(\frac{1}{j\omega C} - \omega L\right)}$$

导纳为

$$Y_{ab}(j\omega) = \frac{1}{Z_{ab}(j\omega)} = \frac{C}{L}R + j\left(\frac{1}{j\omega C} - \omega L\right)$$

由此可得，*RLC* 并联谐振等效电路如图 3-63b 所示，谐振时有

$$\frac{1}{\omega C} - \omega L = 0$$

$$f_0 \approx \frac{1}{2\pi\sqrt{LC}}$$

并联谐振时有如下特性：

谐振阻抗最大 $$Z_{OP} = \frac{L}{CR} = \frac{L}{C(r_L + R_1 + R_2)} = \rho \cdot Q$$

特性阻抗为 $$\rho = \omega_0 L = \frac{1}{\omega_0 C} = \sqrt{\frac{L}{C}} = \frac{Z_{OP}}{Q}$$

电路的品质因数为 $$Q = \frac{\omega_0 L}{R} = \frac{1}{\omega_0 CR} = \frac{\rho}{R} = \frac{1}{R}\sqrt{\frac{L}{C}}$$

电容支路电流、电感支路电流为 $$\dot{I}'_{C0} = jQ\dot{I}_S$$

$$\dot{I}'_{L0} = -jQ\dot{I}_S, I_{C0} \approx I_{L0}$$

谐振回路电压最大 $$\dot{U}_0 = Z_{OP} \cdot \dot{I}_S$$

并联电路的通频带为 $$B_f = \frac{f_0}{Q}$$

3.8.3 实验内容与步骤

1. 串联谐振电路

(1) 连接电路

按照电路图 3-64 连接电路。正弦信号接入 *RLC* 串联电路，输入电压 $U = 1\ \text{V}$，$f = 10\ \text{kHz}$，调节电路电容 C，使电路谐振于 10 kHz，

测定该谐振电路各元件上的电压，填入表 3-28。

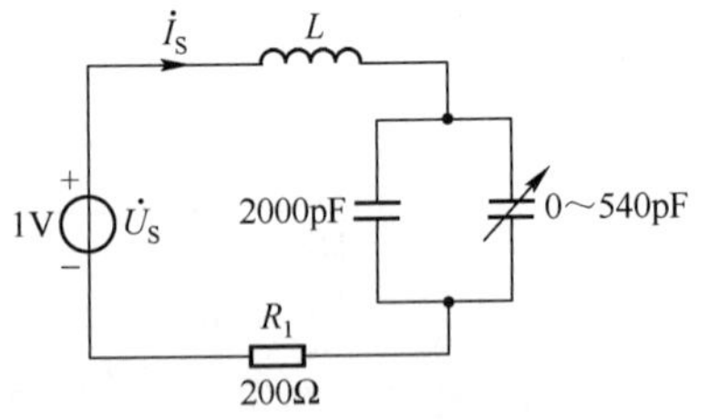

图 3-64 串联谐振实验电路

表 3-28　串联谐振电路各测量值

直接测量 项目		f_0/kHz	U/V	U_{R1}/V	U_{L0}/V	U_{C0}/V
不接负载	理论值	10.0	1.0			
	实测值	10.0	1.0			
接负载	实测值	10.0	1.0			

计算电路的谐振特性参数（即谐振阻抗 Z_{OP}、特性阻抗 ρ、Q 值和通频带 B_f）及电路元件实际值，将数据填入表 3-29 中。

表 3-29　串联谐振电路特性参数及元件实际值

间接测量 项目		I_0/mA	Z_{op}/Ω	ρ/Ω	Q	B_f/Hz	C/pF	L/mH	r_L/Ω
不接负载	理论值								
	计算值								
接负载	实测值								

（2）测绘谐振曲线

测绘出上述电路的谐振曲线 $I\sim f$，其频率范围为 4～16 kHz，并由谐振曲线求通频带 B_f 和 Q 值。测量数据记入表 3-30。注意其电压最大值时 f_0（电流 I_0）及半功率点 f_1、f_2（$I=0.707I_0$）的测量。

表 3-30　串联谐振电路谐振曲线

f/kHz	4	…	f_1	…	f_0	…	f_2	…	16
U_{R1}/mV									
I/mA									
I/I_0			0.71		1		0.71		

（3）串入负载

在上述电路中再串入 1 kΩ 电阻 R_1，测定串入负载电阻后谐振电路的特性参数，说明负载接入对原谐振电路的影响。数据填入表 3-28 和表 3-29 中"接负载"一栏。

2. 并联谐振电路

1）按照电路图 3-65 连接电路。

2）正弦信号接入 RLC 并联电路，调输入电压 $U=6$ V，改变信号源频率，使并联电路谐振，测出谐振频率 f_0，并按表 3-31 测定该谐振电路各电压或各支路电流，并由此计算谐振电路特性参数及元件实际值，数据填入表 3-31。

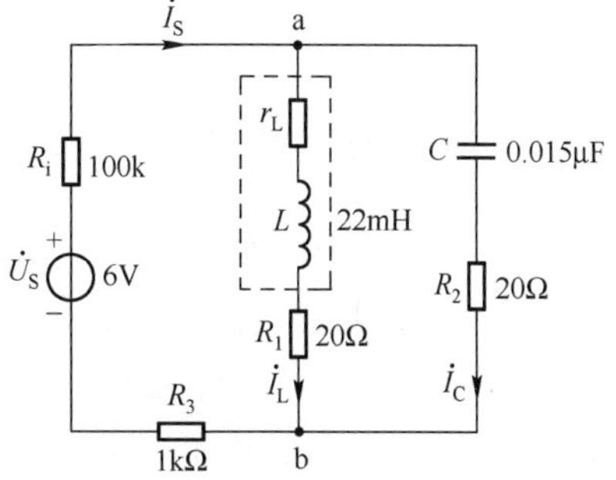

图 3-65　并联谐振电路

表 3-31 并联谐振电路各测量值

直接测量项目		f_0/kHz	U_{ab}/V	I_S/mA	I_{L0}/mA	I_{C0}/mA
不接负载	理论值					
	实测值					
接负载	实测值					

表 3-32 并联谐振电路特性参数及元件实际值

间接测量项目		Z_{OP}/Ω	ρ/Ω	Q	B_f/Hz	C/pF	L/mH
不接负载	理论值						
	计算值						
接负载	实测值						

3）测绘谐振曲线。测绘出上述电路的谐振曲线 $U\sim f$，其频率范围为 2～14 kHz，并由谐振曲线求通频带 B_f 和 Q 值。测量数据记入表 3-33。注意其电压 U_{ab}最大值时 f_0 及半功率点 f_1、f_2（$U=0.707U_0$）的测量。

表 3-33 并联谐振电路谐振曲线

f/kHz	2	…	f_1	…	f_0	…	f_2	…	14
U_{ab}/mV									
U/U_0			0.71		1		0.71		

4）并入负载。在上述电路 ab 两端并联一只 2 kΩ 负载电阻，测定并入负载电阻后谐振电路的特性参数，说明负载接入对原谐振电路的影响。数据填入表 3-31 和表 3-32。

3.8.4 实验设备

函数信号发生器	一台
交流毫伏表	一台
双踪示波器	一台
综合实验箱	一台

3.8.5 实验要求与注意事项

1）测量串联谐振时电抗元件上的电压 U_{L0}、U_{C0}，必须注意正确连接交流电压表。如表的接地端反接，将破坏电路的谐振状态，所测得的 U_L、U_C值比实际值小得多。

2）在测量电路的谐振曲线时，应注意保持电路的输入电压为恒定值（以交流电压表指示为准），否则所测值均不准确。

3）测量谐振曲线时应根据曲线的变化趋势，合理地选择测量点的频率。即在曲线变化大的部分测量点应取密些，在曲线变化小的部分测量点可取稀些，在整个频率变化范围内测量点数不得少于 10 个。

3.8.6　实验报告与思考题

1. 实验报告

1）整理实验数据，进行必要的计算，绘制谐振曲线。

2）总结测量方法，分析实验数据。

2. 思考题

1）除了实验中已使用的调谐方法外，请想一想还能用什么方法监测简单串、并联谐振电路谐振？

2）你会用哪些方法测量一个谐振电路的 Q 值？

3）你会用哪些方法测量一个谐振电路的通频带？

3.8.7　实验预习

1. 实验预习

1）复习与本次实验有关的理论。

2）计算图 3-32 所示电路谐振于 10 kHz 时的各测量量和特性参数。其中，假定电感线圈电感量 $L=100\ \text{mH}$，其损耗电阻 $r_L=150\ \Omega$。将数据填入表 3-28 和表 3-29。

说明在测量 U_R、U_L、U_C 时交流电压表或真空管毫伏表量程选择开关应置于哪一档？

3）并联电路如图 3-33 所示。图中电感量 L 为 22 mH，电感线圈的损耗电阻为 45 Ω。试求：

① 谐振频率 f_0。

② 当 a、b 端接负载 $R_L=\infty$ 和 $R_L=2\ \text{k}\Omega$ 时，谐振回路的 Q 值。

2. 思考题

1）在本实验中你怎样调节并监视串、并联电路达到谐振状态？

2）为什么在图 3-33 并联谐振电路中，对 a、b 端并联电路而言，信号源支路可认为是恒流源？

3.9　矩形脉冲通过一阶电路

3.9.1　实验目的

- 学习使用信号发生器和双踪示波器研究电路的瞬态响应。
- 观测一阶电路的时间常数 τ 对电路瞬态过程的影响。

3.9.2　实验原理

1. 一阶电路的阶跃响应

含有 L、C 储能元件的电路系统通常用微分方程来描述，电路的阶数取决于微分方程的阶数。凡是用一阶微分方程描述的电路称为一阶电路。一阶电路由一个储能元件和电阻组成，具有两种组合，即 RC 电路和 RL 电路。

根据给定的初始条件和列写出的一阶微分方程以及激励信号，可以求得一阶电路的瞬态响应。当系统的激励信号为阶跃函数时，其瞬态电压响应一般可表示为下列两种形式：

$$u(t)=U_{S}e^{-\frac{t}{\tau}},\qquad t\geqslant 0 \tag{3-1}$$

$$u(t)=U_{S}(1-e^{-\frac{t}{\tau}}),\qquad t\geqslant 0 \tag{3-2}$$

式中，τ 为电路的时间常数。在 RC 电路中，$\tau=RC$，在 RL 电路中，$\tau=\frac{L}{R}$。电流响应的形式与之相似。

2. 瞬态响应的测量

系统瞬态响应的测量主要是使用各种示波器来进行，如普通的双踪示波器、超低频示波器和专用示波器——暂态特性测量仪。

由于响应的瞬态过程通常很短，且往往是非周期的，因此，在实验方法上，通常采用周期信号来代替原有的非周期信号，以便能在示波器上显示稳定的波形。例如，用周期性矩形脉冲代替阶跃信号，用周期性窄脉冲代替冲激信号。其适用条件是要求矩形脉冲和窄脉冲应有足够长的周期，使每一次由它们激励产生的响应在下一个激励到来之前其影响能基本消失。这种方法的实质是使非周期的瞬态过程周期性重复，以便于使用示波器对其进行观测。

用双踪示波器测量系统的响应波形，其测量电路示意图如图 3-66 所示。图中脉冲信号发生器为被测系统提供所需的脉冲信号，双踪示波器显示系统输入和响应的波形。

图 3-66　示波器测量系统响应示意图

使用时要注意，对于响应的瞬态过程非常短暂的波形，示波器应该工作在触发扫描状态，而不能工作在连续扫描状态。对于变化较慢的非周期波形进行观察时，可以采用慢扫速示波器。慢扫速示波器的特点是具有长余晖示波管及扫描时间相当长的扫描发生器。如果仪表附加摄像装置，还可以对信号进行拍片研究。

3. 时间常数 τ 的测算

由式（3-1）可知，瞬态电压从 $t=0$ 起由 U_S 按指数规律衰减；由式（3-2）可知，瞬态电压从 $t=0$ 起由 0 逐渐上升最后至 U_S。下面以衰减波形为例，来讨论时间常数 τ 的测算方法。

（1）方法 1：利用每隔 τ 衰减为原来的 $1/e=0.368$

设起始电压 $U_S=1$，则

$$u(\tau)=e^{-t/\tau}\big|_{t=\tau}=1/e,\ u(2\tau)=e^{-2}=u(\tau)\frac{1}{e},\cdots$$

其规律是：每隔时间 τ 瞬态电压衰减为原来的 $1/e=0.368$。依此规律并对照图 3-67a，只要在瞬态响应曲线纵坐标上找出 1 和 0.368 两点对应的横坐标之间的距离，此距离就是时间常数 τ。

(2) 方法 2：利用半衰期的概念

仍设起始电压 $U_S=1$，从 $t=0$ 开始，设瞬态电压衰减为起始值的一半时的时间为 t_1，$u(t_1)=e^{-t_1/\tau}=1/2$，则 $t_1=\tau\ln 2\approx 0.7\tau$；再过 t_1 时间，即 $t=2t_1$ 时，$u(2t_1)=e^{-2t_1/\tau}=(1/2)^2=u(t_1)\dfrac{1}{2}=1/4,\cdots$ 其规律是：每隔 0.7τ 瞬态电压衰减为原来的一半，0.7τ 称为半衰期。依此规律并对照图 3-68a，只要在瞬态响应曲线纵坐标上找出 1 和 1/2 这两点的横坐标之间的距离，此距离就是半衰期 0.7τ，由此可求得时间常数 τ。

图 3-67b 和 3-68b 为上升波形，分析方法与衰减波形类似，此处不再赘述，实验时可作为参考。

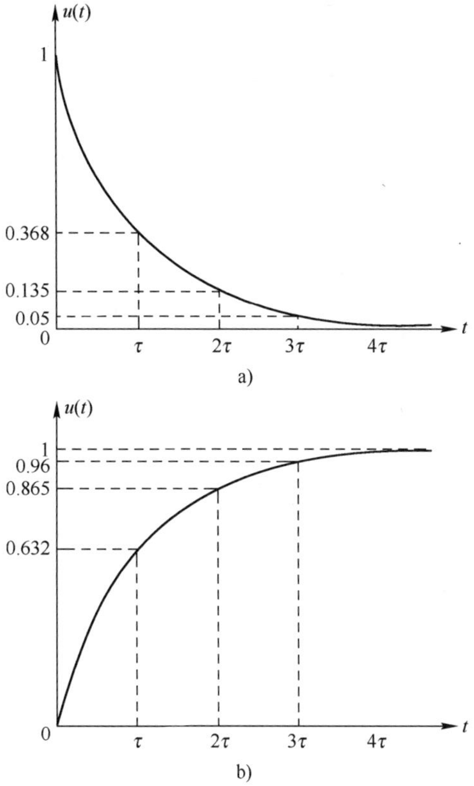

图 3-67　时间常数 τ 的测算方法 1

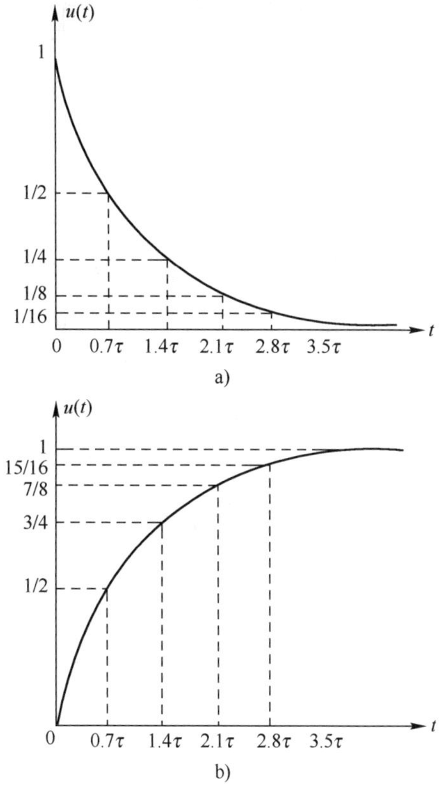

图 3-68　时间常数 τ 的测算方法 2

4. 矩形脉冲作用于一阶电路

当周期性变化的矩形脉冲信号作为电路的激励信号时，这个输入信号可以看成阶跃信号的叠加。矩形脉冲波的半个周期应大于被测一阶电路时间常数的 3～5 倍；当矩形脉冲波的半周期小于被测电路时间常数的 3～5 倍时情况则较为复杂。

如图 3-69a 所示，这里的矩形脉冲序列其周期为 T，脉冲宽度为 $T/2$。以 RC 电路 $u_C(t)$ 波形为例，当 $T/2>(3\sim5)\tau$ 时，在 $0\leqslant t\leqslant T/2$ 半个周期内，电容充电，在 $t=T/2$ 时电容电压 $u_C(t)$ 可认为已上升到 U_S，充电完毕；在 $T/2\leqslant t\leqslant T$ 的半周期内，电容放电，到 $t=T$ 时，电容电压认为已下降到零，放电完毕，如图 3-69b 所示，每半个周期之间彼此无关。电阻

电压 $u_R(t)$的波形则反映了充电电流和放电电流的波形，如图 3-69c 所示。当 $T/2<(3\sim5)\tau$ 时，如图 3-70a 所示，此时电容电压 $u_C(t)$在 $0\leqslant t\leqslant T/2$ 充电半周期内未充足，并且在 $T/2\leqslant t\leqslant T$ 放电半周期内电容电压也未能放完。其 $u_R(t)$的波形如图 3-70b 所示。

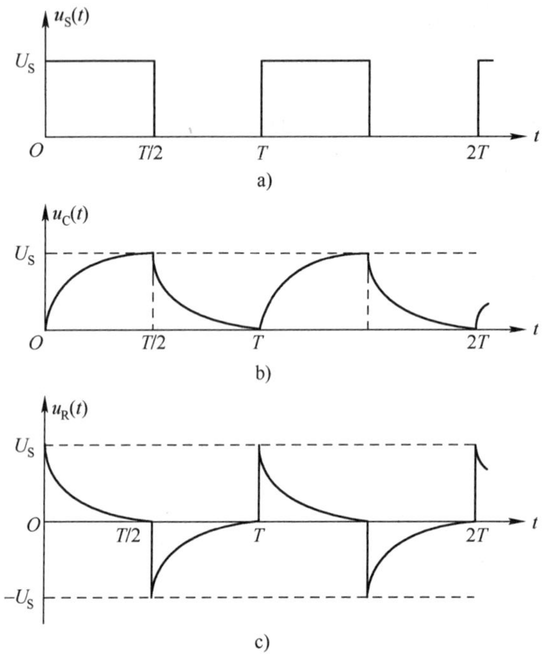

图 3-69　当 $T/2>(3\sim5)\tau$ 时，RC 电路的响应波形

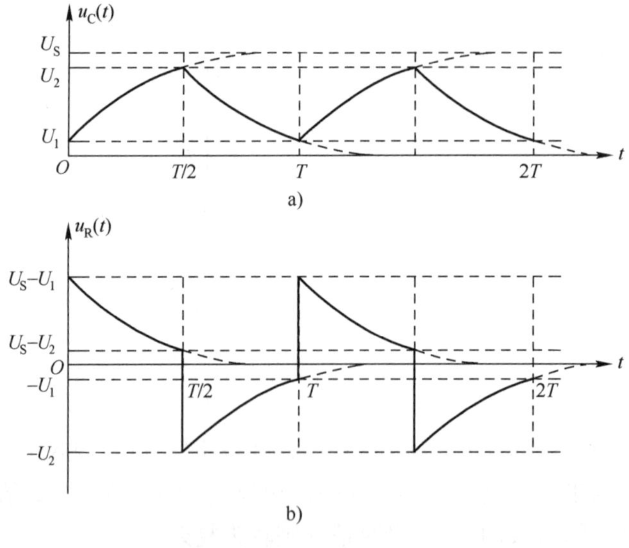

图 3-70　当 $T/2<(3\sim5)\tau$ 时，RC 电路的响应波形

*5. 一阶电路的应用

一阶电路在电子技术中应用较广，通常用做微分电路、积分电路和耦合电路等。下面以

RC 电路为例，对微分电路和积分电路作一简要说明。若有一激励信号 $e(t)$ 作用于 *RC* 电路，$e(t)$ 中含有角频率为 ω 的分量。

（1）微分电路

从电阻 *R* 上得到响应电压 $u_R(t)$，且存在条件 $R \ll 1/\omega C$，即电路的阻抗可近似视为电容的容抗。这样，电路中的电流为 $i(t) \approx C\mathrm{d}e(t)/\mathrm{d}t$，电阻 *R* 上的电压为

$$u_R(t) = R \cdot i(t) \approx RC\frac{\mathrm{d}e(t)}{\mathrm{d}t} = \tau\frac{\mathrm{d}e(t)}{\mathrm{d}t}$$

即响应电压 $u_R(t)$ 与输入激励 $e(t)$ 的导数成比例，电路具有微分作用，这就是微分电路。

（2）积分电路

从电容 *C* 上得到响应电压 $u_C(t)$，且存在条件 $R \gg 1/\omega C$，即电路的阻抗可近似视为电阻 *R*，这样，电路中的电流为 $i(t) = e(t)/R$，电容 *C* 上的电压为

$$u_C(t) = \frac{1}{C}\int i\mathrm{d}t = \frac{1}{RC}\int e(t)\mathrm{d}t = \frac{1}{\tau}\int e(t)\mathrm{d}t$$

即响应电压 $u_C(t)$ 是输入激励 $e(t)$ 的积分，电路具有积分的性质，这就是积分电路。

3.9.3 实验内容与步骤

1. 观察矩形脉冲通过 *RC* 电路的响应

（1）连接实验电路，调整矩形脉冲信号

连接好实验电路后，调整矩形脉冲信号，使信号发生器输出一个周期为 400 μs，脉冲宽度为 200 μs 的矩形脉冲信号。

图 3-71 中实验板电路部分按图 3-72 连接，即 1 - 1′ 端为矩形脉冲信号的输入端，2 - 2′ 端为电容电压 $u_C(t)$ 波形的观测端。

将双踪示波器 Y 轴 Y_1 和 Y_2 的两对输入线同时并接在被测电路 1 - 1′ 端，调节 Y_1 和 Y_2 灵敏度选择开关，使它们测量同一个输入波形时，两通道显示的波形幅度一致且完全重合，且在示波器上显示为 3 V。然后，将 Y_2 电缆接至 2 - 2′ 端，此时整个电路按照图 3-71 连接。

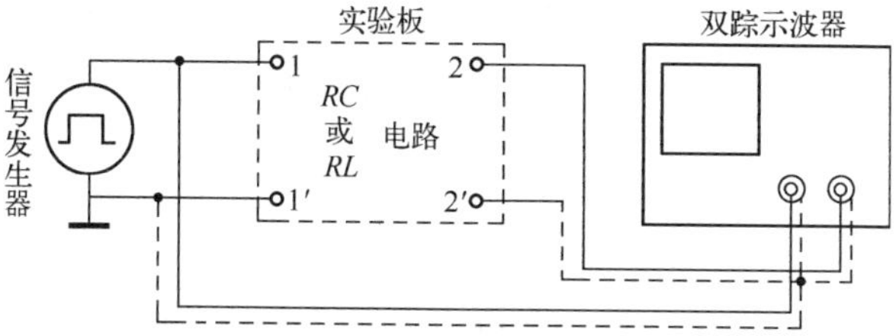

图 3-71　一阶系统瞬态响应测量电路

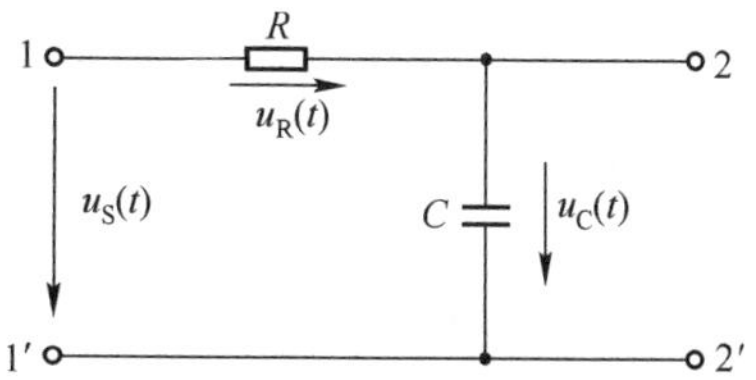

图 3-72　*RC* 实验电路

（2）观察电容上电压 $u_C(t)$ 的波形，测算时间常数 τ

按照表 3-34 所列项目进行观测。根据从示波器上观察到的 $u_C(t)$ 波形，测算 *R* 和 *C* 取不同参数时的时间常数 τ，将测得的结果填入表 3-34 实测 τ 一栏中，并与理论值相比较。

表 3-34　*RC* 电路实验项目

项　　目	R/kΩ	C/pF	理论 τ/ μs	实测 τ/ μs
1	10	2000		
2	20	2000		
3	20	4000		

（3）观测电阻上电压 $u_R(t)$ 的波形

保持图 3-72 的接线不变，利用双踪示波器的有关控制件，使波形 $u_R(t)$ 显示在屏幕上。由于 $u_R(t) = u_S(t) - u_C(t)$，所以可以调整示波器 Y_2 的极性控制键使之成为 $-u_C(t)$，同时将显示方式调整为“相加”。此时示波器上将显示 $Y_1 - Y_2$ 的波形，即 $u_R(t)$ 的波形。

2. 观测矩形脉冲通过 *RL* 电路的响应

（1）连接实验电路，调整矩形脉冲信号

连接好实验电路后，调整矩形脉冲信号，使信号发生器仍输出一个周期为 400 μs，脉冲宽度为 200 μs 的矩形脉冲信号。

图 3-71 中实验板电路部分按图 3-73 连接，即 1 - 1′ 端为矩形脉冲信号的输入端，2 - 2′ 端为电阻电压 $u_R(t)$ 波形的观测端。

将双踪示波器 Y 轴 Y_1 和 Y_2 的两对输入线同时并接在被测电路 1 - 1′ 端，调节 Y_1 和 Y_2 灵敏度选择开关，使它们测量同一个输入波形时，两通道显示的波形幅度一致且完全重合，且在示波器上显示为 3 V。然后，将 Y_2 电缆接至 2 - 2′ 端，此时 *RL* 电路按图 3-71 连接、调整完毕。

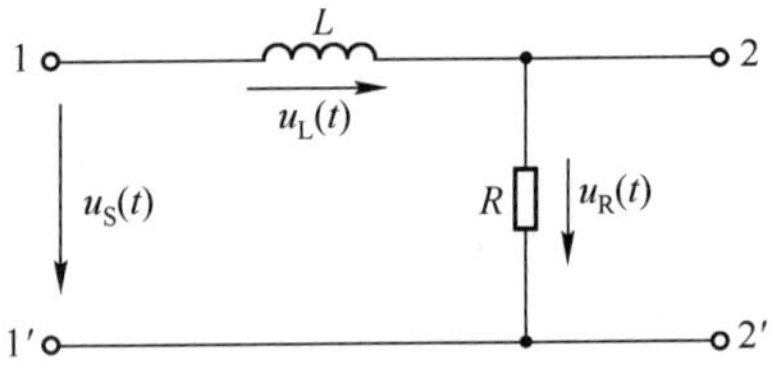

图 3-73　*RL* 实验电路

（2）观察电阻上电压 $u_R(t)$ 的波形，测算时间常数 τ

按照表 3-35 所列项目进行观测。根据从示波器上观察到的 $u_R(t)$ 波形，测算 R 和 L 取不同参数时的时间常数 τ，将测得的结果填入表 3-42 的实测 τ 一栏中，并与理论值相比较。

（3）观测电感上电压 $u_L(t)$ 的波形

保持图 3-71 的接线不变，利用双踪示波器的有关控制件，使波形 $u_L(t)$ 显示在屏幕上。将 $u_S(t)$ 和 $u_R(t)$ 仍分别接在 Y_1 和 Y_2 的输入端，调整示波器的 Y_2 的极性控制键使之成为 $-u_R(t)$ 输入，同时将显示方式调整为“相加”，此时即显示 $u_L(t) = u_S(t) - u_R(t)$ 的波形。

（4）绘制 *RL* 电路瞬态响应的波形

绘制表 3-35 中第二项，对应输入 $u_S(t)$，*RL* 电路中 $u_R(t)$ 和 $u_L(t)$ 的波形。

表 3-35　*RL* 电路实验项目

项　　目	R/kΩ	L/mH	理论 τ/ μs	实测 τ/ μs
1	1	22		
2	0.5	22		

*3. 观察 *RC* 微分电路和积分电路的波形

自行设计并连接实验电路，观察并描绘在矩形脉冲信号激励下微分电路和积分电路的瞬态波形。简要地写出实验步骤，并标明此时 *R*、*C* 及时间常数 τ 的数值。

3.9.4　实验要求与注意事项

1）应尽量将信号发生器、示波器、实验电路的接地端共接在一起。

2）在测量时间常数 τ 前，必须保证双踪示波器 Y 轴的两个通道显示同一波形时幅度一致且完全重合，否则将影响测量的准确性。

3）注意结合实验报告中的思考题观测 $u_R(t)$ 和 $u_L(t)$ 的波形，绘出其波形并总结出特点，回答预习思考题。

4）作图时请注意，瞬态波形应是对应激励信号 $u_S(t)$ 一个周期的响应波形，其横坐标应不小于周期 *T*。

3.9.5　Multisim 仿真分析

用 Multisim 仿真分析方法观察 *RC* 电路的瞬态响应。

1）连接电路。在 Multisim 仿真环境下按图 3-72 连接电路，其中信号源选择 CLOCK_VOLTAGE，然后将其信号的频率调整为 2.5 kHz，幅度为 3 V。电阻 $R=20\text{k}\Omega$，$C=2000\text{ pF}=2\text{ nF}$。

2）将示波器接入电路，如图 3-74 所示。

3）按下仿真开关，并调整示波器的扫描速率（Timebase Scale）在 50 μs/格，通道 A 和通道 B 电压灵敏度（ChannelAScale）在 1 V/格，将显示如图 3-75 所示的时间波形。

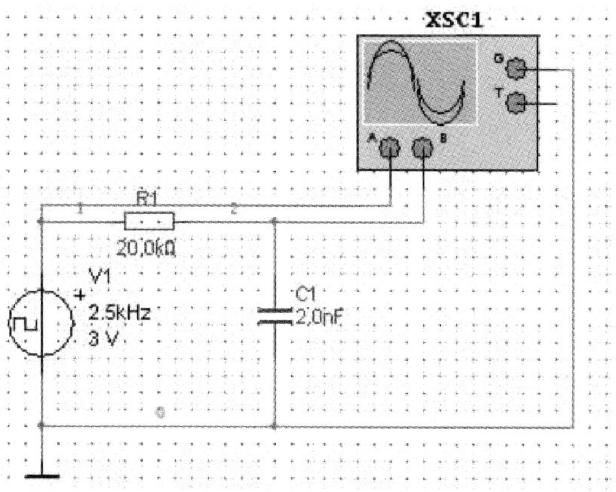

图 3-74　*RC* 项目 2 瞬态仿真电路

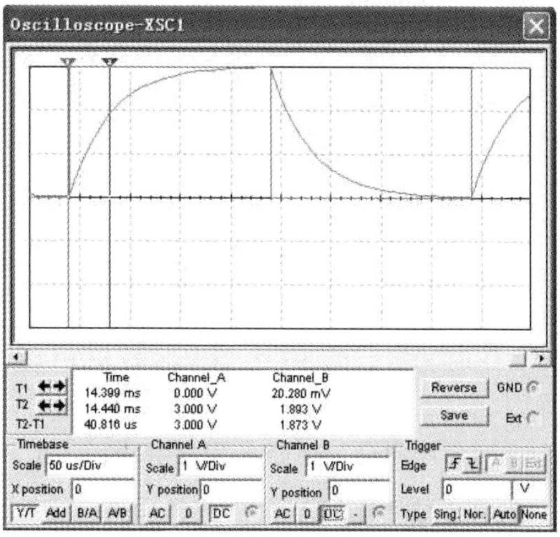

图 3-75　*RC* 项目 2 仿真波形

4）拖动读数指针 1 至瞬态波形的起始点，指针 2 至上升波形最高点的 0.632 倍处，从 T2 - T1 可读出时间常数 τ 值为 40.816 μs。

5）将电容增大一倍，如图 3-76 所示。观察波形变化，如图 3-77 所示。

6）拖动读数指针 1 至瞬态波形的起始点，指针 2 至上升波形最高点的 0.632 倍处，从 T2 - T1 可读出时间常数 τ 值为 76.531 μs。

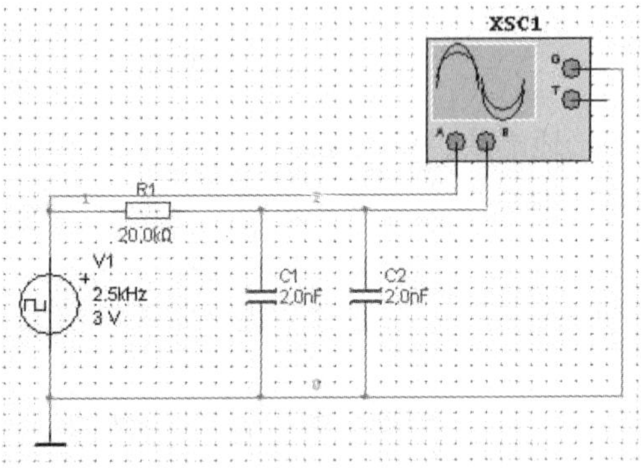

图 3-76　*RC* 项目 3 瞬态仿真电路

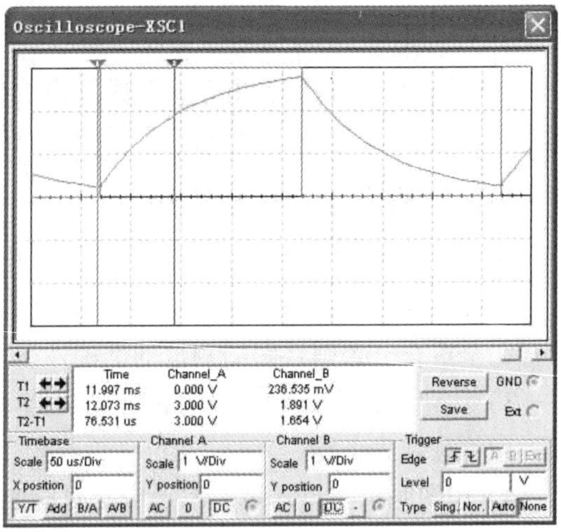

图 3-77　*RC* 项目 3 仿真波形

3.9.6　实验设备

信号发生器	一台
双踪示波器	一台
综合实验箱	一台

3.9.7　实验报告与思考题

1. 实验报告

1）将测算出的时间常数 τ 填入表 3-34、表 3-35 中，并与理论计算值进行比较分析。

2）画出在矩形脉冲信号作用下 *RL* 电路当 $R=0.5\ \text{k}\Omega$，$L=22\ \text{mH}$ 时，输入矩形脉冲 $u_S(t)$、输出响应电压 $u_R(t)$ 和 $u_L(t)$ 的波形。

2. 思考题

在 *RC* 电路中，当矩形脉冲的半个周期大于时常数的 3～5 倍时，$u_C(t)$ 的波形的稳定值能达到矩形脉冲的高度。但是在 *RL* 电路中观测 $u_R(t)$ 的波形时，同样是矩形脉冲的半个周期大于时间常数的 3～5 倍，但其 $u_R(t)$ 波形的稳定值往往小于矩形脉冲的高度，试分析原因。

*1）画出微分电路和积分电路输入信号波形和输出响应波形。

3.9.8　实验预习

1）预习信号发生器和双踪示波器的使用方法。

2）熟悉教材中有关一阶电路瞬态响应的理论分析方法，并据此分别预先画出在矩形脉冲信号激励的一个周期的时间内，*RC* 电路中响应电压 $u_C(t)$、$u_R(t)$ 的波形以及 *RL* 电路中响应电压 $u_R(t)$、$u_L(t)$ 的波形，并计算表 3-34、表 3-35 中时间常数 τ 的理论值。

*3）根据本实验的原理 5，分别预先画出在矩形脉冲信号激励下微分电路和积分电路的电压波形。

3.10 二阶电路的瞬态响应

3.10.1 实验目的

- 观测 *RLC* 电路中元件参数对电路瞬态的影响。
- 研究 *RC* 脉冲分压器的瞬态响应特性，理解信号通过线性系统的不失真条件。

3.10.2 实验原理

1. *RLC* 电路的瞬态响应

可用二阶微分方程来描述的电路称为二阶电路，*RLC* 电路就是其中的一个例子。

由于 *RLC* 电路中包含不同性质的储能元件，当受到激励后，电场储能与磁场储能将会相互转换，形成振荡。如果电路中存在电阻，那么储能将不断地被电阻消耗，因而振荡是减幅的，称为阻尼振荡或衰减振荡。如果电阻较大，则储能在初次转移时，它的大部分能量就可能被电阻所消耗，不产生振荡。

因此 *RLC* 电路的响应有三种情况，即欠阻尼、临界阻尼和过阻尼。下面以 *RLC* 串联电路为例（见图 3-80）进行说明，设 $\omega_0 = 1/\sqrt{LC}$ 为回路的谐振角频率，$\alpha = R/2L$ 是回路的衰减常数。当阶跃信号 $u_S(t) = U_S(t \geqslant 0)$ 加在 *RLC* 串联电路输入端，其输出电压波形为 $u_C(t)$，有以下几种表示形式：

1）$\alpha^2 < \omega_0^2$，即 $R < 2\sqrt{L/C}$，电路处于欠阻尼状态，其响应是振荡性的。其衰减振荡的角频率为 $\omega_d = \sqrt{\omega_0{}^2 - \alpha^2}$。此时有

$$u_C(t) = \left[1 - \frac{\omega_0}{\omega_d} e^{-\alpha t} \cos(\omega_d t - \theta)\right] U_S \qquad (t \geqslant 0)$$

式中，$\theta = \arctan \dfrac{\alpha}{\omega_d}$。

2）$\alpha^2 = \omega_0^2$，即 $R = 2\sqrt{L/C}$，其电路响应处于临近振荡的状态，称为临界阻尼状态。此时有

$$u_C(t) = [1 - (1 + \alpha t) e^{-\alpha t}] U_S \qquad (t \geqslant 0)$$

3）$\alpha^2 > \omega_0^2$，即 $R > 2\sqrt{L/C}$，响应为非振荡性的，称为过阻尼状态。此时有

$$u_C(t) = \left[1 - \frac{\omega_0}{\sqrt{\alpha^2 - \omega_0^2}} e^{-\alpha t} \mathrm{sh}\left(\sqrt{\alpha^2 - \omega_0^2}\, t + x\right)\right] U_S \qquad (t \geqslant 0)$$

式中，$x = \mathrm{arth}\sqrt{1 - (\omega_0/\alpha)^2}$。

2. 矩形脉冲信号通过 *RLC* 串联电路

由于使用示波器观察周期性信号波形稳定而且易于调节，因此，在实验中常用周期性矩形信号作为输入信号，来观测 *RLC* 串联电路的瞬态响应。欠阻尼、临界阻尼、过阻尼 3 种情况的响应波形如图 3-78 所示。

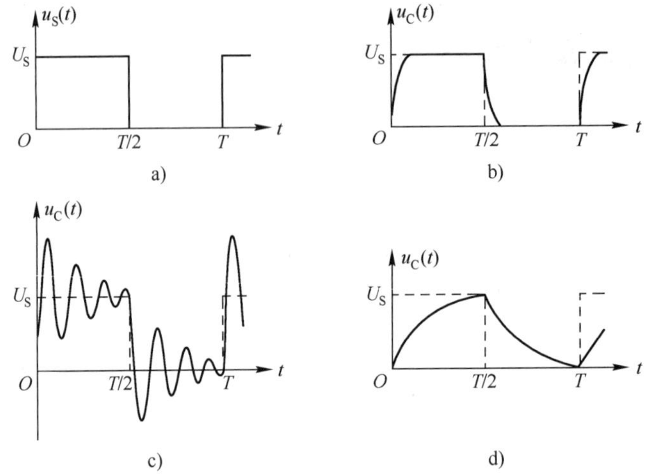

图 3-78　*RLC* 串联电路的瞬态响应

a）输入矩形波　b）$u_C(t)$临界阻尼波形　c）$u_C(t)$欠阻尼波形　d）$u_C(t)$过阻尼波形

3. 衰减振荡频率和衰减常数的测量方法

（1）衰减振荡频率f_d的测量

由图 3-79 所示的衰减振荡波形可知，若测得第一个峰点出现时间为 t_1，第 n 个峰点出现的时间为 t_n，则衰减振荡的周期为

$$T_d = \frac{t_n - t_1}{n-1}$$

衰减振荡频率为$f_d = 1/T_d$。

（2）衰减常数 α 的测量

设第 1 个峰值为 U_{m1}，第 n 个峰值为 U_{mn}。由于

$$U_{m1} = U_m e^{-\alpha t_1}$$

$$U_{mn} = U_m e^{-\alpha t_n} \qquad n = 1,2,3,4,\cdots$$

所以 $U_{mn}/U_{m1} = e^{-\alpha(t_n - t_1)}$，则衰减常数为

$$\alpha = \frac{1}{t_n - t_1}\ln\frac{U_{m1}}{U_{mn}}$$

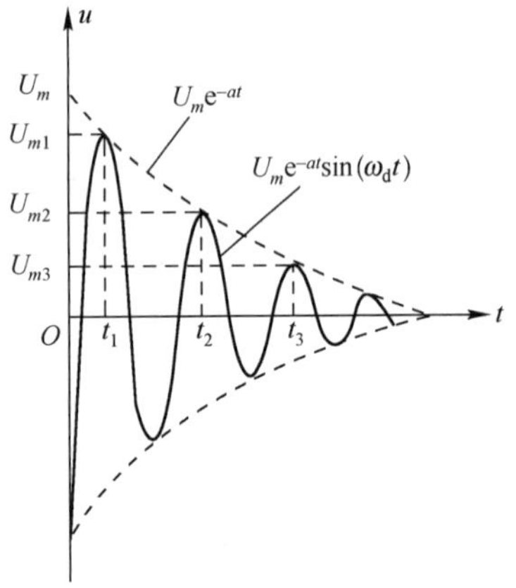

图 3-79　衰减振荡波形图

4. 信号通过线性系统的不失真条件

从矩形信号通过一阶电路的实验中可以看出，在矩形脉冲信号激励下，电路系统的响应却并不是矩形脉冲。这就是说信号在传输过程中产生了失真，这也是电路系统传输信号的一般情形。造成失真的因素有两个：一是系统对信号中各频率分量的幅度产生不同程度的衰减，会造成各频率分量的相对幅度发生变化，称为幅度失真；二是系统对各频率分量产生的相移不与频率成正比例，会造成各频率分量的相对位置发生变化而引起的失真，称为相位失真。由于在这些失真的信号中没有产生新的频率分量，所以是一种线性失真。

在电子技术中，除了有时要利用这种失真来获得所需要的波形变换外（如微分电路和积分电路等），总是希望在传输过程中信号的失真最小。

若电路系统的转移函数为 $H(j\omega) = |H(j\omega)|e^{j\varphi_H(\omega)}$，根据信号通过线性系统的不失真条

件，应有

1）转移函数的模值 $|H(j\omega)|$ 应等于常数 K，此时系统的幅度不失真。

2）转移函数的辐角 $\varphi_H(\omega)$ 应等于 ωt_0，即与频率成正比例，系统的相位不失真。

本次实验中研究的脉冲分压器电路幅度不失真条件可由此推导出。

3.10.3　实验内容与步骤

1. 观测 *RLC* 串联电路的瞬态响应

将 *RLC* 元件按照图 3-80 接成串联电路，在 1－1′ 端输入矩形脉冲信号 $u_S(t)$，其脉冲的重复周期为 800 ms，脉冲宽度为 400 ms，幅度为 3 V。观测 2－2′ 端 $u_C(t)$ 的瞬态波形。

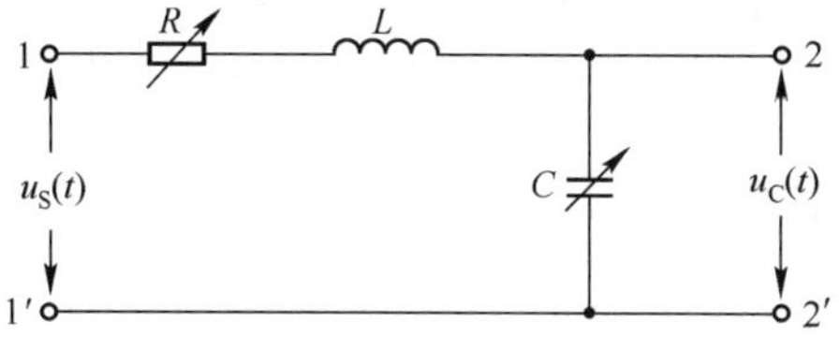

图 3-80　*RLC* 串联电路

(1) 观测电容参数改变对 $u_C(t)$ 振荡波形的影响

当 *RLC* 串联电路中的电感 $L=22$ mH，电阻 $R=100\ \Omega$，电容 $C=0.015\ \mu$F 和 $C=2000$ pF 时，观察示波器上 $u_C(t)$ 振荡波形的变化，将实测的 T_d 和 f_d 值记入表 3-36，将其与理论计算值进行比较，并描绘电容取不同值时 $u_C(t)$ 的振荡波形。

表 3-36　*RLC* 串联电路改变电容元件时的测量数据

		$L=22$ mH，$R=100\ \Omega$	
		$C=0.015\ \mu$F	$C=2000$ pF
T_d	理论值		
	实测值		
f_d	理论值		
	实测值		
α	理论值		
	实测值		

(2) 观测电阻参数改变，从振荡到临界、阻尼状态时 $u_C(t)$ 的波形

保持 $L=22$ mH，$C=0.015\ \mu$F，改变电阻 R，由 100 Ω 逐步增大，观察 $u_C(t)$ 波形变化的情况。

1）在表 3-37 中记下临界阻尼状态时 R 的阻值，并描绘其 $u_C(t)$ 的波形。

2）描绘过阻尼状态下 $R=4$ kΩ 时 $u_C(t)$ 的波形。

2. 观测 *RC* 脉冲分压器电路幅度不失真传输的条件

1）将电阻和电容接成脉冲分压器电路，如图 3-81 所示。在 1－1′ 端输入矩形脉冲信号 $u_S(t)$，其脉冲的重复周期为 800 ms，脉冲宽度为 400 ms，幅度为 3 V。

表 3-37 *RLC* 串联电路

	R 临界
理论值	
实测值	

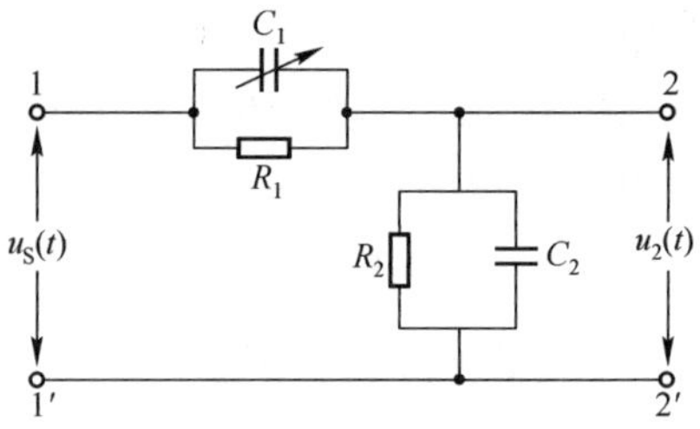

图 3-81 *RC* 脉冲分压器

2）图中 $R_1=10\,k\Omega$，C_1为可变电容，先将 C_1电容置于 2000 pF。$R_2=20\,k\Omega$，$C_2=2000$ pF。观测 2－2′ 端输出的信号波形，并描绘 $u_2(t)$ 波形的曲线。

3）改变 C_1电容，分别使 $C_1=4000$ pF 和 $C_1=6000$ pF，观测并描绘其输出信号 $u_2(t)$的波形，由此得出脉冲分压器不失真的传输条件。

3.10.4 实验要求与注意事项

1）本实验的激励信号均为矩形脉冲信号，其重复周期为 800 ms，脉冲宽度为 400 ms，幅度为 3 V。

2）注意正确使用双踪示波器的控制件。进行周期（频率）测量时，应将 *X* 轴扫描速率开关中心的微调旋钮置于校准位置。当幅度较小时，可适当调整 *Y* 轴灵敏度选择开关，使波形在 *Y* 轴方向扩展。

3）应尽量将信号发生器、示波器、实验电路的接地端共接在一起。

3.10.5 实验设备

信号发生器	一台
双踪示波器	一台
综合实验箱	一台

3.10.6 实验报告与思考题

1）描绘 *RLC* 串联电路在振荡、临界、阻尼三种状态下的 $u_C(t)$波形图，并将各实测数据列写成表，与理论计算值进行比较。

2）描绘脉冲分压器三种情况下的 $u_2(t)$输出波形，与输入信号进行比较，验算其结果，说明系统幅度不失真的条件。

3.10.7 实验预习

1）预习有关 *RLC* 串联电路的阶跃响应的理论，认真阅读实验原理部分。

2）计算 *RLC* 串联电路中 $L=22$ mH，$C=0.015$mF 和 $C=2000$ pF 时的衰减振荡周期 T_d、频率 f_d 及临界状态时的电阻值。

3）推导 *RC* 脉冲分压器电路的不失真条件，并预先画出 $R_1C_1<R_2C_2$、$R_1C_1=R_2C_2$ 和 $R_1C_1>R_2C_2$ 三种情况下矩形脉冲激励时输出电压 $u_2(t)$的波形。

*4）仿照 3.9.5 节对 *RLC* 串联电路和 *RC* 脉冲分压器电路进行 Multisim 仿真分析。

3.11　矩形信号的频谱分析

3.11.1　实验目的

- 了解信号频域测量的基本原理，学习选频电平表的正确使用。
- 研究周期矩形脉冲信号，分析信号的周期、脉冲宽度对频谱特性的影响，加深对周期信号频谱特点的理解。

3.11.2　实验原理

1. 信号的频谱

信号的时域特性和频域特性是信号的两种不同的描述方式，它们之间具有对应关系。当波形反映信号幅度随时间变化的特性时，采用信号的时域分析方法；当需要讨论信号的幅度或相位与频率的关系时，则采用信号的频域分析方法。

对于一个周期信号$f(t)$，只要满足狄利克莱（Dirichlet）条件，就可以将其展开成三角形式或指数形式的傅里叶级数。例如，对于一个周期为T的时域周期信号$f(t)$，可以用三角形式的傅里叶级数求出它的各次分量，在区间(t_1, t_1+T)内表示为

$$f(t) = a_0 + \sum_{n=1}^{\infty}[a_n\cos(n\omega t) + b_n\sin(n\omega t)]$$

即将信号分解成直流分量及许多余弦分量和正弦分量，研究其频谱分布情况。

信号的时域特性与频域特性之间有着密切的内在联系，这种联系可以用图 3-82 来表示。其中，图 3-82a 是信号在幅度—时间—频率三维坐标系统中的图形；图 3-82b 是信号在幅度—时间坐标系统中的图形，即波形图；图 3-82c 是信号在幅度—频率坐标系统中的图形，即振幅频谱图。

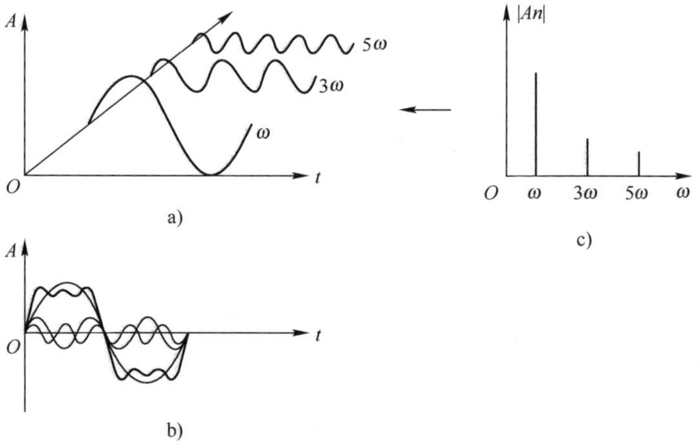

图 3-82　信号的时域特性和频域特性

信号波形和振幅频谱的对应并非是唯一的。具有相同频率和振幅的各频率分量（即振

幅频谱是相同的)，由于初相不同可以合成不同的波形，如图3-83所示，因此，在研究信号的频域特性时，相位对系统的影响是不可忽视的。

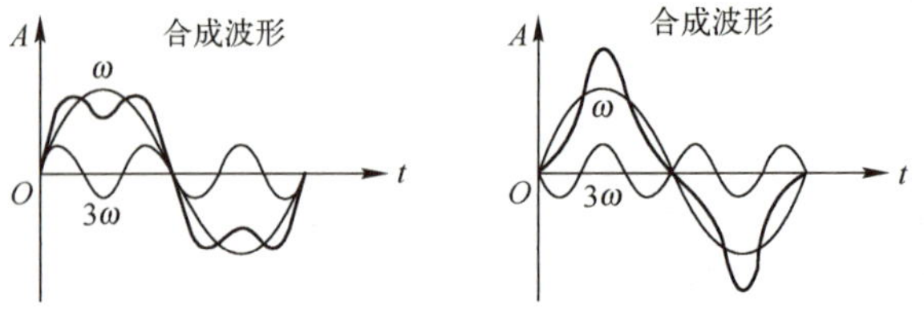

图3-83　初相不同时，合成的波形不同

2. 信号振幅频谱的测量

把周期信号分解得到的各次谐波分量按频率的高低排列，就可以得到频谱图。从频谱图上，可以直观地看出各频率分量所占的比重。反映各频率分量幅度的频谱称为振幅频谱，反映各分量相位的频谱称为相位频谱。本实验主要研究信号的振幅频谱。

周期信号的振幅频谱有三个性质：离散性、谐波性和收敛性。测量时可以利用这些性质寻找被测频率点，分析测量结果。

振幅频谱的测量方法有同时分析法和顺序分析法。

(1) 同时分析法

同时分析法的基本工作原理是利用多个滤波器，把它们的中心频率分别调到被测信号的各个频率分量上，如图3-84所示。当被测信号同时加到所有滤波器上，中心频率与信号所包含的某次谐波分量频率一致的滤波器便有信号输出。这样，在被测信号发生的实际时间内可以同时测得信号所包含的各频率分量。多通道滤波式频谱分析仪采用的就是同时分析法。

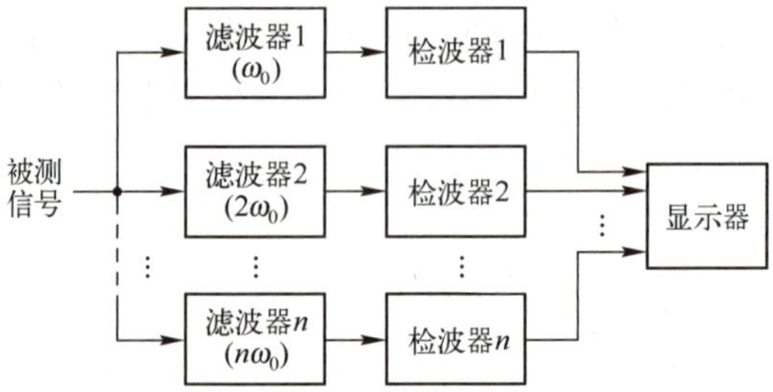

图3-84　用同时分析法进行频谱分析的原理图

(2) 顺序分析法

顺序分析法只使用一个滤波器，如图3-85所示，滤波器的中心频率是可调的。测量时依次将滤波器的中心频率调到被测信号的各次谐波频率上，滤波器便可依次测出被测信号的各次谐波。由于这种方法需通过多次取样过程才能完成整个频谱的测试，因此，只能用于对周期信号频谱的测量。采用顺序分析法的测量仪器主要有选频电平表。

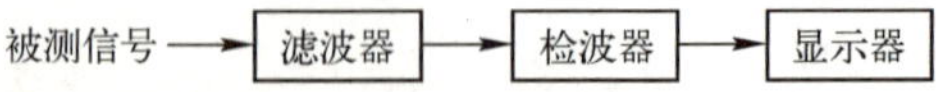

图3-85　用顺序分析法进行频谱分析的原理图

3. 矩形信号的频谱

一个幅度为 E，脉冲宽度为 τ，重复周期为 T 的矩形脉冲信号，如图 3-86 所示。

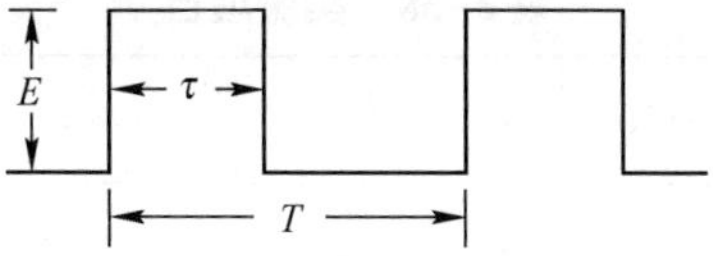

图 3-86　矩形脉冲信号的时域波形

其傅里叶级数为

$$f(t) = \frac{E\tau}{T} + \frac{2E\tau}{T}\sum_{n=1}^{\infty}\mathrm{Sa}\left(\frac{n\pi\tau}{T}\right)\cos(n\omega t) = \frac{E\tau}{T} + \frac{2E\tau}{T}\sum_{n=1}^{\infty}\frac{\sin(n\pi\tau/T)}{n\pi\tau/T}\cos(n\omega t)$$

由此可见，矩形脉冲信号的频谱为离散谱，信号第 n 次谐波的振幅为

$$a_n = \frac{2E\tau}{T}\mathrm{Sa}\left(\frac{n\pi\tau}{T}\right) \qquad n = 1,2,3,\cdots$$

其振幅的大小与 E、τ 成正比，与 T 成反比；矩形脉冲信号的周期 T 决定了频谱中两条谱线的间隔 $f=1/T$；矩形脉冲信号的脉冲宽度 τ 与频谱中的频带宽度 B_f 成反比。

3.11.3　实验内容

1. 研究改变脉冲宽度 τ 对信号频谱的影响

保持矩形脉冲信号的脉冲幅度 E 和周期 T 相同，改变信号的脉冲宽度 τ，测量不同 τ 时信号频谱中各分量的大小。

图 3-87 和图 3-88 给出了两组时间信号，当信号的幅度 E、周期 T 相同，脉冲宽度分别为 $\tau=1/2$ 和 $\tau=1/4$ 时频谱分布的情况。

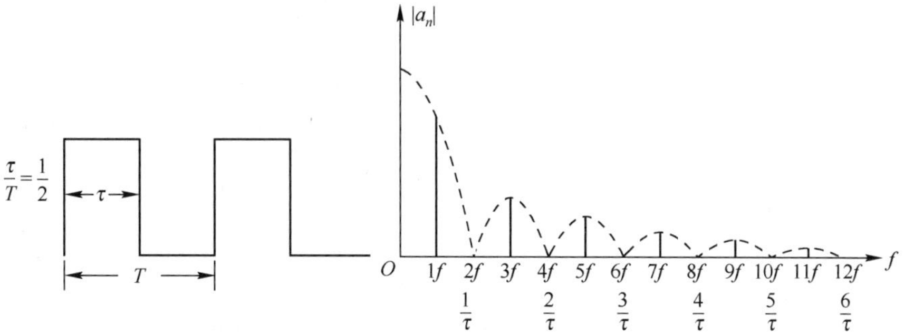

图 3-87　保持 E、T 相同，改变 t

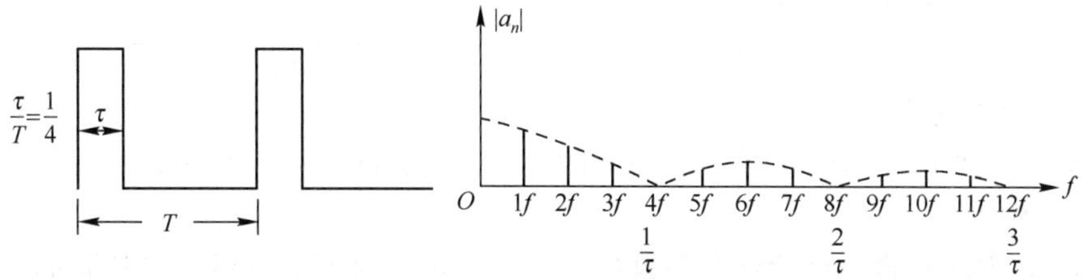

图 3-88　保持 E、T 相同，改变 t

按表3-38中的实验项目计算有关数据，按后续介绍的实验步骤调整各波形，将测得的信号频谱中各分量的数据记入表3-39。

表3-38 实验项目

项目	$T/\mu s$	$f=\frac{1}{T}$/kHz	$\frac{\tau}{T}$	$\tau/\mu s$	$B_f=\frac{1}{\tau}$/kHz	E/V
1	100		1/2			1.2
*2	100		1/3			1.2
3	100		1/4			1.2

表3-39 测试数据

$f=$	$T=$	$\frac{\tau}{T}=\frac{1}{2}$			$\tau=$				$B_f=$				
选频表频率/kHz		10	20	30	40	50	60	70	80	90	100	110	120
理论值	电压有效值/mV												
	电压电平值/dB												
测量值	电压电平值/dB												
	电压有效值/mV												
$f=$	$T=$	$\frac{\tau}{T}=\frac{1}{3}$			$\tau=$				$B_f=$				
选频表频率/kHz		10	20	30	40	50	60	70	80	90	100	110	120
理论值	电压有效值/mV												
	电压电平值/dB												
测量值	电压电平值/dB												
	电压有效值/mV												
$f=$	$T=$	$\frac{\tau}{T}=\frac{1}{4}$			$\tau=$				$B_f=$				
选频表频率/kHz		10	20	30	40	50	60	70	80	90	100	110	120
理论值	电压有效值/mV												
	电压电平值/dB												
测量值	电压电平值/dB												
	电压有效值/mV												

2. 研究改变信号周期 T 对信号频谱的影响

保持矩形脉冲信号的脉冲幅度 E 和脉冲宽度 τ 相同，改变信号周期 T，测量不同 T 时信号频谱中各分量的大小。

图3-89给出了两组时间信号，当信号的幅度 E、脉冲宽度 τ 相同，改变信号的周期 T 时频谱分布的情况。

按表3-40中的实验项目计算有关数据，按后续介绍的实验步骤调整各波形，将测得的信号频谱中各分量的数据记入表3-41。

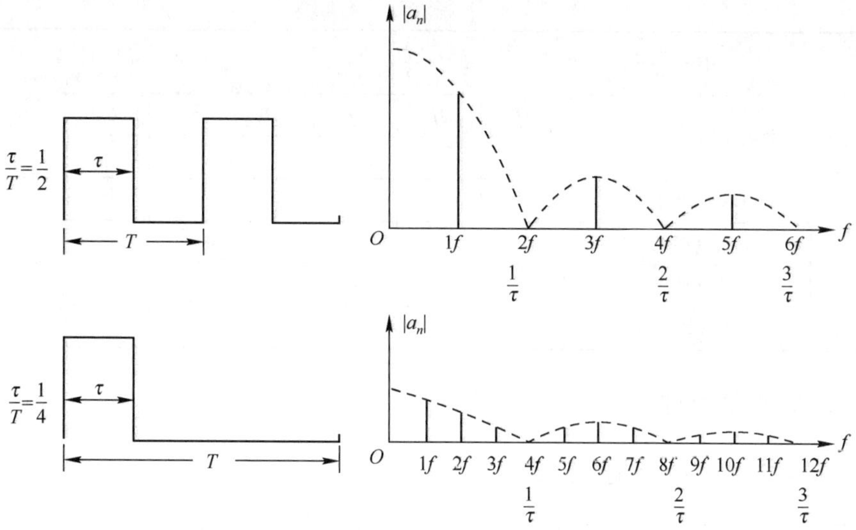

图 3-89　保持 E、t 相同，改变 T

表 3-40　实验项目

项　　目	$\tau/\mu s$	$B_f=\frac{1}{\tau}$/kHz	$\frac{\tau}{T}$	$T/\mu s$	$f=\frac{1}{T}$/kHz	E/V
1	20		1/2			1.2
*2	20		1/3			1.2
3	20		1/4			1.2

表 3-41　测试数据

<table>
<tr><td colspan="2">$\tau=$</td><td colspan="2">$B_f=\frac{1}{\tau}=$</td><td colspan="2">$\frac{\tau}{T}=\frac{1}{2}$</td><td colspan="2">$T=$</td><td colspan="2">$f=\frac{1}{T}=$</td></tr>
<tr><td colspan="2" rowspan="2">选频表频率/kHz</td><td>1f</td><td>2f</td><td>3f</td><td>4f</td><td>5f</td><td>6f</td><td>7f</td><td>8f</td></tr>
<tr><td></td><td></td><td></td><td></td><td></td><td></td><td></td><td></td></tr>
<tr><td rowspan="2">理论值</td><td>电压有效值/mV</td><td></td><td></td><td></td><td></td><td></td><td></td><td></td><td></td></tr>
<tr><td>电压电平值/dB</td><td></td><td></td><td></td><td></td><td></td><td></td><td></td><td></td></tr>
<tr><td rowspan="2">测量值</td><td>电压电平值/dB</td><td></td><td></td><td></td><td></td><td></td><td></td><td></td><td></td></tr>
<tr><td>电压有效值/mV</td><td></td><td></td><td></td><td></td><td></td><td></td><td></td><td></td></tr>
<tr><td colspan="2">$\tau=$</td><td colspan="2">$B_f=\frac{1}{\tau}=$</td><td colspan="2">$\frac{\tau}{T}=\frac{1}{3}$</td><td colspan="2">$T=$</td><td colspan="2">$f=\frac{1}{T}=$</td></tr>
<tr><td colspan="2" rowspan="2">选频表频率/kHz</td><td>1f</td><td>2f</td><td>3f</td><td>4f</td><td>5f</td><td>6f</td><td>7f</td><td>8f</td></tr>
<tr><td></td><td></td><td></td><td></td><td></td><td></td><td></td><td></td></tr>
<tr><td rowspan="2">理论值</td><td>电压有效值/mV</td><td></td><td></td><td></td><td></td><td></td><td></td><td></td><td></td></tr>
<tr><td>电压电平值/dB</td><td></td><td></td><td></td><td></td><td></td><td></td><td></td><td></td></tr>
<tr><td rowspan="2">测量值</td><td>电压电平值/dB</td><td></td><td></td><td></td><td></td><td></td><td></td><td></td><td></td></tr>
<tr><td>电压有效值/mV</td><td></td><td></td><td></td><td></td><td></td><td></td><td></td><td></td></tr>
</table>

（续）

$\tau=$　　$B_f=\frac{1}{\tau}=$　　$\frac{\tau}{T}=\frac{1}{4}$　　$T=$　　$f=\frac{1}{T}=$

选频表频率/kHz		1*f*	2*f*	3*f*	4*f*	5*f*	6*f*	7*f*	8*f*
理论值	电压有效值/mV								
	电压电平值/dB								
测量值	电压电平值/dB								
	电压有效值/mV								

3.11.4 实验步骤与要求

1. 连接实验电路，初步调整波形

将矩形信号发生器与选频电平表、双踪示波器按图3-90所示连接在一起。

从示波器荧光屏上观测矩形脉冲信号的幅度E、周期T、脉冲宽度τ，并进行初步调整，使波形符合表3-38或表3-40实验项目中列出的有关要求。其中，幅度E以示波器观测为准；周期T以信号源输出频率f为准；脉冲宽度τ的数值以示波器上观测的波形为参考，可微调矩形脉冲产生器上的有关波形左右对称的控件，如“对称性（SYM）”、“脉冲宽度”、“占空比”等。

注意：此处特别强调脉冲宽度τ在示波器上观测的波形只能作为参考，这是因为示波器的分辨率和操作者的观察角度都会影响脉冲宽度调整的准确程度。而本次实验对脉冲宽度τ（或τ/T）要求较高，因而从示波器上观测到的脉冲宽度τ及τ/T值只能作为参考，最终将以选频表上测得的有关数据为准。

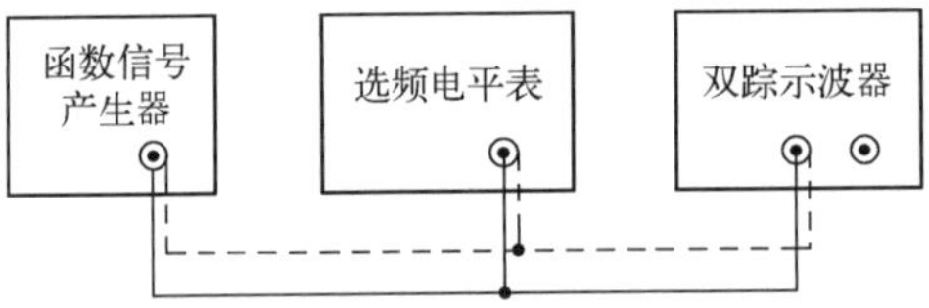

图3-90　用选频电平表测量信号振幅频谱的实验电路

2. 用选频电平表进一步校正矩形信号的τ/T值

根据理论可知，在矩形脉冲n/τ点处理论上的振幅为0。把振幅为0的频率分量称为0分量频率点。这些振幅为0的谐波分量，其电平值理论上应为$-\infty$。

例如，矩形脉冲信号的频率$f=1/T=10\,\text{kHz}$，在矩形脉冲$\tau/T=1/2$时，$1/\tau$点即20 kHz的频率分量其振幅值理论上应为0，其电平值理论上应为$-\infty$。在实际测量中，由于各种因素的影响，0分量频率点的电平值往往不为$-\infty$，特别是波形的τ/T值调整得不准确时，其电平值的误差将很大。

为了减小测量误差，可用测量0分量频率点电平值的方法来判断其脉冲宽度τ和τ/T值的准确度。通常当0分量频率点的电平值小于$-45\,\text{dB}$时，就认为脉冲宽度τ与周期T的比值基本符合要求了。否则应重新细调矩形脉冲发生器上的有关波形左右对称的控件，使之符合要求。

具体调节的步骤如下（以 $\tau/T=1/2$，$T=100\ \mu s$ 为例）：

1）在 0 分量频率（如 20 kHz）刻度附近细致调节选频表频率微调旋钮，使选频表电平读数为最大，读出电平值。若此时电平值小于 -45 dB，则说明 τ/T 值基本准确，可进行"3. 依次选测各频率分量"；不符合此要求则需要继续调节，进行第 2）步。

2）缓慢调节矩形脉冲发生器上的"脉冲宽度"或"波形对称性"旋钮，使 0 分量频率点的电平指示减小，同时要求示波器上的波形 τ/T 无明显的变化。当 0 分量频率的电平值小于 -45 dB 时，调整完成。

3. 依次选测各频率分量

将选频电平表的频率设置在 1f，缓慢转动微调旋钮，使电平表读数最大，记录其电平值，记入表格。

调节选频表的频率设置，依次选测 f、2f、3f……等各频率成分，测量数据记入表 3-39（或表 3-41）。

在选测各频率分量时，要特别注意：需在被测频率刻度的附近细致调谐选频表频率度盘，使电平表电平读数为最大。此时选频表的频率度盘指示与信号源的频率指示可能有一定的误差。

完成一项测量之后，按表 3-38（或表 3-40）的要求，改变 τ（或 T）值的大小，重复第 1 ~ 3 步骤。

4. 绘制信号振幅频谱图

将所测电平值数据根据公式

$$U=0.775\times10^{\frac{P_U}{20}}$$

换算成电压电平有效值，记入表 3-39（或表 3-41）中。式中，P_U 是选频电平表测量出的电压电平值，单位为 dB（分贝）；U 为相应的电压有效值，单位为 V（伏特）。

根据计算出的信号各分量电压有效值，绘制出信号幅度频谱图。

3.11.5 Multisim 仿真分析

以矩形脉冲信号的频率 $f=1/T=10$ kHz，幅度 $E=1.2$ V，脉冲宽度与周期比 $\tau/T=1/2$ 为例，用 Multisim 的仿真分析法进行频谱分析。

（1）连接电路

在 Multisim 仿真环境下按图 3-91 连接电路，其中信号源选择 CLOCK_VOLTAGE，然后将其信号的频率调整为 10 kHz，幅度为 1.2 V。将信号源直接接入示波器，开始运行，并适当调整示波器的扫描速率（Timebase Scale）和通道 A 电压灵敏度（Channel A Scale），将显示如图 3-92 所示的时间波形。

（2）用仿真分析法显示频谱图

执行菜单命令"Simulation"→"Analyses"→"Fourier Analysis"，弹出图 3-93 所示对话框。设置分析参数，其中频率为 10 kHz（可以单击 Estimate 按钮选择默认值），谐波次数选 12，停止采样时间单击 Estimate 按钮选择默认值。其他参数不变。输出变量（Output Variable）选择节点号 $1。

单击 Simulate 按钮开始仿真分析，将显示如图 3-94 所示的频谱图及各次谐波振幅和相位的参数。

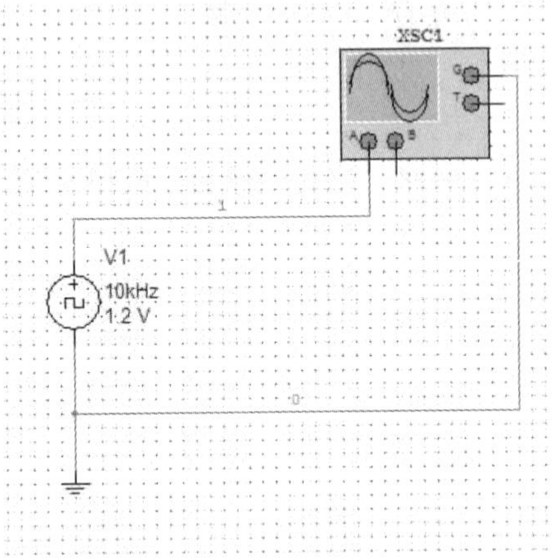

图 3-91 连接频谱分析电路

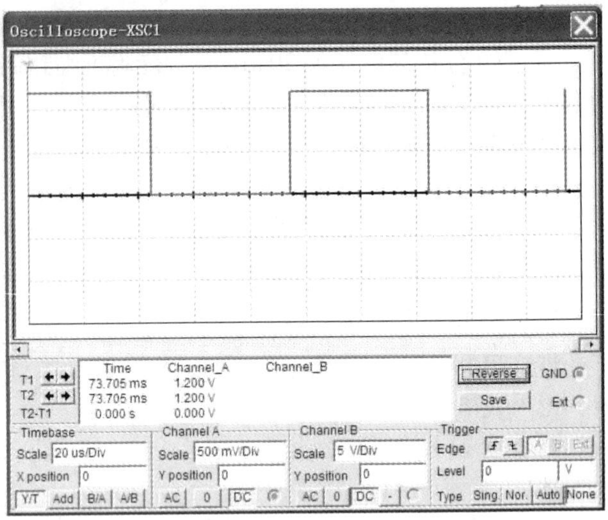

图 3-92 在示波器上显示信号波形

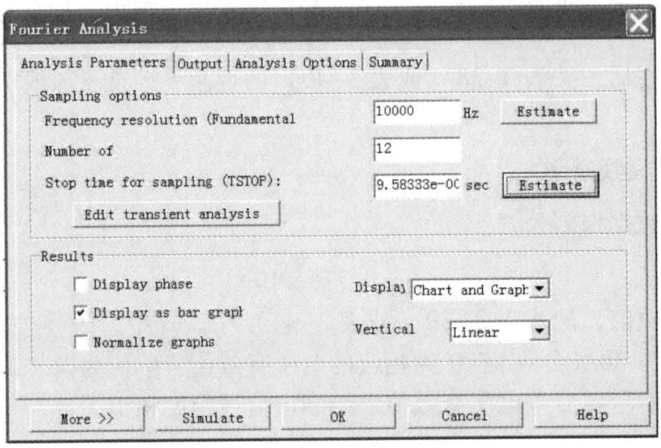

图 3-93 设置 Fourier Analysis 有关参数

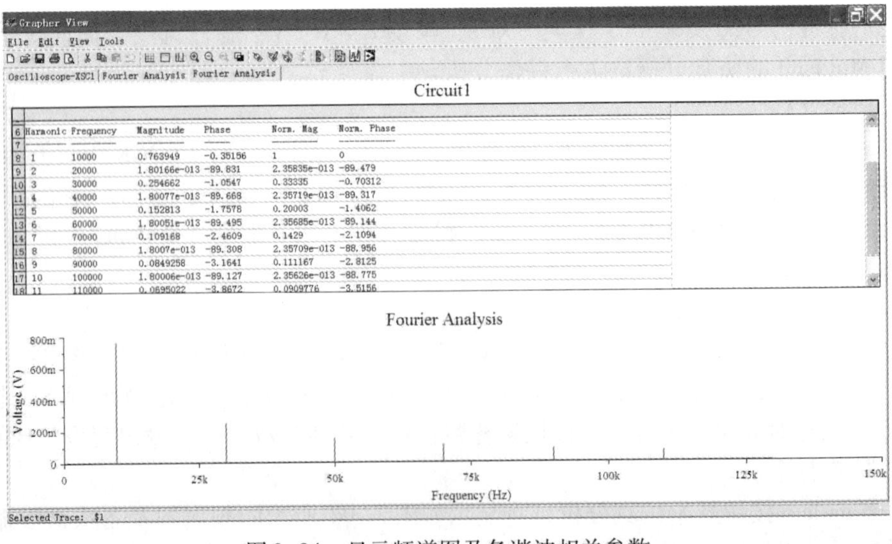

图 3-94 显示频谱图及各谐波相关参数

3.11.6　实验设备

矩形信号发生器　　一台

选频电平表　　一台

双踪示波器　　一台

3.11.7　实验报告与思考题

1. 实验报告

1）按照表 3-39 和表 3-41 的格式列写理论值及测量数据。

2）绘制不同 τ/T 值时信号幅度频谱图。

2. 思考题

1）当矩形脉冲信号的幅度 E 和周期 T 保持相同，改变脉宽 τ 时，信号频谱有何特点和规律性？

2）当矩形脉冲信号的幅度 E 和脉宽 τ 保持相同，改变周期 T 时，信号频谱有何特点和规律性？

3）信号的时域特性和频域特性有着一系列对应关系，通过以上矩形信号的频谱分析能说明哪些关系？

3.11.8　实验预习

1）预习选频电平表的使用方法。

2）复习信号频谱分析的有关理论。

① 当周期性矩形信号的脉冲幅度 E 和周期 T 保持不变，改变脉宽 τ 时，对其振幅频谱有何影响。

② 当周期性矩形信号的脉冲幅度 E 和脉宽 τ 保持不变，改变周期 T 时，对其振幅频谱有何影响。

3）根据矩形脉冲信号第 n 次谐波的振幅计算公式

$$a_n = \frac{2E\tau}{T}\mathrm{Sa}\left(\frac{n\pi\tau}{T}\right) \qquad n = 1,2,3,\cdots$$

电压电平值的计算公式

$$p_{\mathrm{U}} = 20\lg\left|\frac{U}{U_0}\right| = 20\lg\frac{|U|}{0.775}$$

式中，U 为信号各分量的电压有效值，计算以下两个问题：

① 当 $E = 1.2\ \mathrm{V}$，$\tau/T = 1/2$ 时各分量的振幅值，并换算成电压有效值及电压电平值，填入表 3-39 或表 3-41 中理论值一栏。

② 当 $E = 1.2\ \mathrm{V}$，$\tau/T = 1/4$ 时各分量的振幅值，并换算成电压有效值及电压电平值，填入表 3-39 或表 3-41 中理论值一栏。

3.12　正弦波信号与锯齿波信号的频谱

3.12.1　实验目的

- 研究周期正弦波、锯齿波、三角波信号的振幅频谱特性。

- 掌握时域周期信号频谱的特点。
- 进一步学习使用选频电平表。

3.12.2 实验原理

1. 周期正弦波信号及其频谱

周期正弦波信号表示为

$$f(t)=V_{\mathrm{m}}\sin(\omega t+\varphi)$$

由式可见，周期正弦波信号是只含有单一频率的信号，因此，其振幅频谱为一条竖线。

2. 周期锯齿波信号及其频谱

周期锯齿波信号波形如图 3-95 所示。它的傅里叶级数可表示为

$$f(t)=\frac{E}{\pi}\left[\sin(\omega_1 t)-\frac{1}{2}\sin(2\omega_1 t)+\frac{1}{3}\sin(3\omega_1 t)+\cdots+\frac{(-1)^{n+1}}{n}\sin(n\omega_1 t)+\cdots\right]\quad n=1,2,3,\cdots$$

由上式可知，其振幅频谱包含所有 n 次频率的谐波。

3. 周期三角波信号及其频谱

周期三角波信号波形如图 3-96 所示。

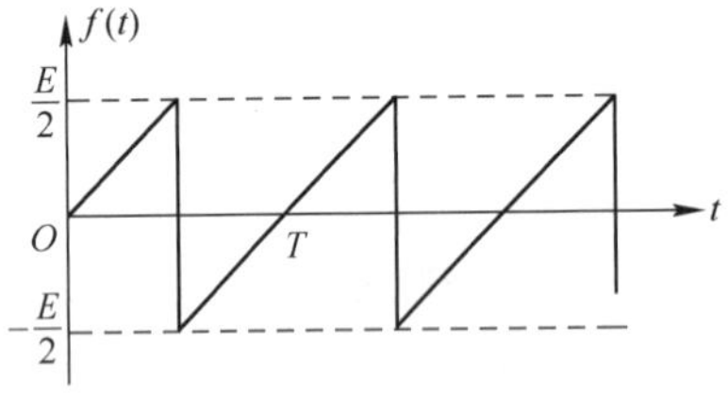

图 3-95　周期锯齿波信号

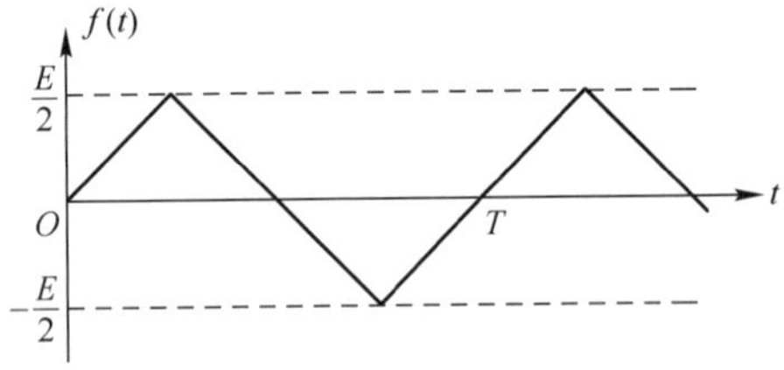

图 3-96　周期三角波信号

它的傅里叶级数可表示为

$$f(t)=\frac{4E}{\pi^2}\left[\cos(\omega_1 t)+\frac{1}{3^2}\cos(3\omega_1 t)+\frac{1}{5^2}\cos(5\omega_1 t)+\cdots+\frac{1}{n^2}\cos(n\omega_1 t)+\cdots\right]\quad n=1,3,5,\cdots$$

由上式可知，其振幅频谱只包含奇次谐波的频率分量。

3.12.3 实验内容与步骤

1. 正弦波信号振幅频谱的测量

(1) 按照图 3-90 连接函数信号发生器、选频电平表和双踪示波器，显示出正确的时间信号。

连接实验电路前，先对选频电平表进行校准。校准完毕，将选频电平表预置在“选频测量”“低失真”“高阻抗”位置上。

调整函数信号发生器使其输出正弦信号，频率 $f=10$ kHz，函数信号发生器的输出电压 $U_{\mathrm{p-p}}$预置在 4 V 左右。

从示波器上观察正弦信号的波形，并调节函数信号发生器上正弦信号的幅度输出，使正弦信号在示波器上显示的幅度为 $U_{\mathrm{p-p}}=4$ V，并记录此时信号发生器上的电压幅度。

（2）用选频电平表进行正弦信号的频谱测量。将选频电平表的频率设置在 $f=10\text{ kHz}$，缓慢转动微调旋钮，使电平表读数显示最大，将读出的电平值记入表 3-42。

表 3-42　正弦信号频谱的测量数据

	信号发生器	双踪示波器	选频电平表	
f/kHz	U_m/V	U_{p-p}/V	P_U/dB	换算电压 U/V
10		4		

将所测电平值数据利用公式 $U=0.775\times10^{P_U/20}$ 换算成电压有效值，与信号源输入的电压值进行比较。然后在 1～100 kHz 的范围内调整选频电平表的频率，观察是否在其他频率点上存在电压电平。

2. 锯齿波信号振幅频谱的测量

（1）调整并显示正确的时间信号。按照图 3-90 连接实验电路。将函数信号发生器输出波形转换成锯齿波，调整输出频率 $f=10\text{ kHz}$，函数信号发生器的输出电压 U_{p-p} 预置在 3 V 左右。

调整函数信号发生器上有关波形左右对称的控件（如“脉冲宽度”“占空比”“对称性”等），使示波器上显示的波形如图 3-95 所示。

从示波器上观察锯齿波信号的波形，并调节信号发生器上锯齿波信号的幅度输出，使信号在示波器上显示的幅度为 $U_{p-p}=3\text{ V}$。

（2）用选频电平表进行各次谐波的测量。先将选频电平表的频率设定在 $f=10\text{ kHz}$，缓慢转动微调旋钮，使电平表读数显示最大，将读出的电平值记入表 3-43。

然后将选频电平表的频率依次设定在 10 kHz 的 n 倍，缓慢转动微调旋钮，使电平表读数显示最大，将读出的电平值记入表 3-43。

表 3-43　锯齿波信号频谱的测量数据

选频表频率/kHz		$1f$	$2f$	$3f$	$4f$	$5f$	$6f$	$7f$	$8f$	$9f$	$10f$
理论值	电压有效值/mV										
	电压电平值/dB										
测量值	电压电平值/dB										
	电压有效值/mV										

（3）绘制信号振幅频谱图。根据公式 $U=0.775\times10^{P_U/20}$，将测出的电压电平值换算成电压有效值，记入表 3-43。根据计算出的信号各分量电压的有效值，绘制出信号幅度频谱图。

3. 三角波信号振幅频谱的测量

（1）调整并显示正确的时间信号。按照图 3-90 连接实验电路。将函数信号发生器输出波形转换成三角波，调整输出频率 $f=5\text{ kHz}$，信号发生器输出电压 U_{p-p} 预置在 4 V 左右。

调整信号发生器上有关波形左右对称的控件（如“脉冲宽度”“对称性”等），使示波器上显示的波形如图 3-96 所示。

从示波器上观察三角波信号的波形，并调节信号发生器上三角波信号的幅度输出，使信号在示波器上显示的幅度为 $U_{p-p}=4$ V。

（2）用选频电平表进行各次谐波的测量。先将选频电平表的频率设定在 $f=5$ kHz，缓慢转动微调旋钮，使电平表读数显示最大，将读出的电平值记入表 3-44。

表 3-44　三角波信号频谱的测量数据

选频表频率/kHz		1f	2f	3f	4f	5f	6f	7f	8f	9f	10f
理论值	电压有效值/mV										
	电压电平值/dB										
测量值	电压电平值/dB										
	电压有效值/mV										

然后将选频电平表的频率依序设定在 5 kHz 的 n 倍，缓慢转动微调旋钮，使电平表最大，将读出的电平值记入表 3-44。

注意： n 为偶数时，其电压理论值为 0，则对应的电平值为 $-\infty$，实际测量值一般达不到理想的情况。通常电平值小于 -45 dB，就认为其电压接近于 0。

（3）绘制信号振幅频谱图。根据公式 $U=0.775\times10^{P_U/20}$，将测出的电压电平值换算成电压有效值，记入表 3-44 中。根据计算出的信号各分量电压有效值，绘制出三角波信号的幅度频谱图。

3.12.4　实验要求及注意事项

1）本次实验中信号的频率以函数信号发生器为准，信号的电压幅度以示波器的测量值为准。

2）选频电平表选测信号分量时，必须在被测频率的附近细致调谐，使电压值最大，此时选频表与函数信号发生器的频率读数可能有一定的误差。

3）测量锯齿波信号时，由于信号时域波形一般误差较大，因而频谱实际测量值与理论值也有一定的误差。

4）测量三角波信号的频谱时，n 为偶数，其电压理论值为 0，对应的电平值为 $-\infty$。但实际测量值一般达不到理想的情况，会有一微弱电压。

3.12.5　实验设备

函数信号发生器	一台
选频电平表	一台
双踪示波器	一台

3.12.6　实验报告与思考题

1. 实验报告

1）列写实验数据于表 3-42、表 3-43 和表 3-44 中。

2）描绘各被测信号的幅度频谱图。

2. 思考题

1）选频电平表与一般交流电压表在功能上有何不同？

2）用选频电平表测量某一谐波分量时，有哪些基本测量步骤？如何保证测量的精度？

3.12.7　实验预习

1）认真阅读实验原理部分，复习周期正弦波、三角波、锯齿波信号及其频谱特性的有关理论。

2）预习信号发生器和选频电平表的使用方法。

3）根据实验任务，计算表 3-43、表 3-44 中的理论值。

注意：根据锯齿波、三角波公式计算出的是基波和各次谐波的振幅值，换算成电压有效值，再计算电平值。电压电平值的计算公式为

$$p_U = 20\lg\left|\frac{U}{U_0}\right| = 20\lg\frac{|U|}{0.775}$$

式中，U 为信号各分量的电压有效值。

提示：仿照 3.11.5 节仿真分析方法，进行各次谐波的振幅值的计算。

第 4 章　电路基础设计性实验

本章开设的设计性实验要求学生在教师的指导下，根据给定的实验目的，参考相关的实验原理，通过自行查阅资料来设计方案，选择实验器材，拟定实验步骤，观察和记录实验现象与数据，并研究和解决实验过程中出现的问题，直至最后完成实验。

考虑到低年级学生的实际情况，本章所选的题目较简单，目的是使学生能通过自己的思考，设计出切实可行的方案，增强学生的自信心，并帮助学生初步了解已经学过的知识如何在工程中得到应用。

4.1　万用表的设计与检测

4.1.1　实验目的

- 通过设计模拟式万用表，加深对万用表基本原理的理解。
- 学习模拟式万用表的检测、校试方法。

4.1.2　实验原理

1. 表头参数的测定方法

表头参数是设计万用表的重要参数，它包括表头灵敏度、表头内阻和直线性。一般购买的表头，出厂时都已进行过各种指标的测定，本节介绍实验中常用的检测方法。

图 4-1 所示为表头灵敏度和表头内阻的测试接线图，图 4-2 所示为表头直线性的测试接线图。

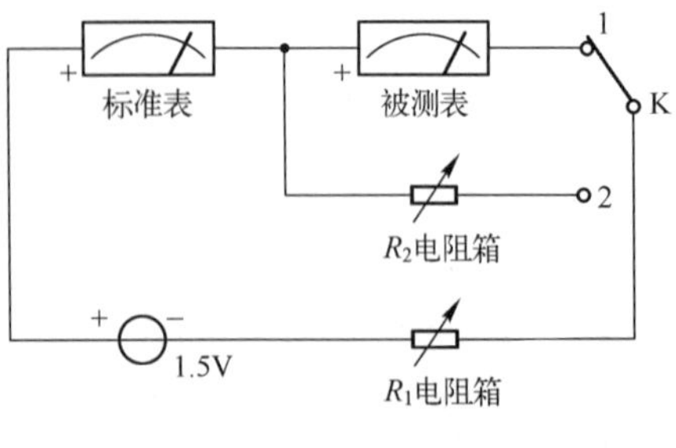

图 4-1　测量表头灵敏度和表头内阻电路

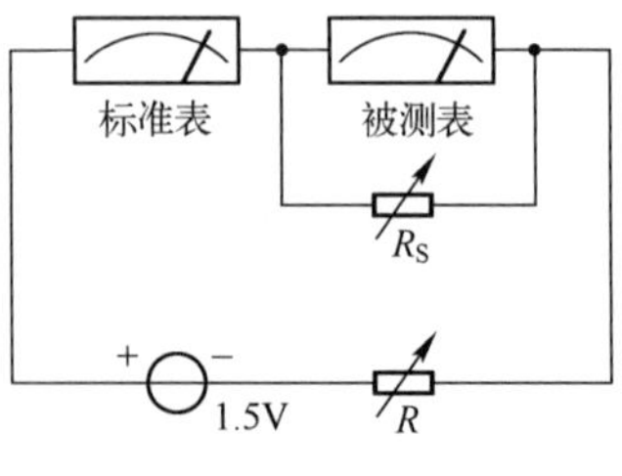

图 4-2　测试表头直线性电路

2. 万用表各测量量限的检验、校试与调整方法

装配完毕的万用表，必须经过校试与调整，使各项技术指标完全符合要求，并具有良好的可靠性，才能投入使用。

调试的步骤一般有两个：

（1）检验

在加电调试前，根据被校万用表的综合电路原理图，用一块标准万用表的电阻档逐档检查各部分电路的阻值（此时被校表的表头接线应断开任意一端），如果其电阻值与理论计算值相差较大，则不能加电调试，待排除故障后方能加电调试。

（2）校试与调整

加电校试与调整，一般从直流电流档开始，然后再依次调试直流电压、交流电压、电阻测量各档。调试中使用的标准表，其精密等级应高于被校表两级以上。

在调试过程中如果发现故障，或者被校表的指示值与标准表的指示值相差过多，应立即停止加电，进行检修。待故障排除后需重新按第（1）步的方法检验合格后，方能重新加电调试。

1）直流电流档的校试与调整

校试电路如图 4-3 所示，由直流稳压电源、电阻箱、被校表、标准表构成一个串联回路。

直流电流档的校试，一般是先校准基准档，通常基准档就是该表的极限灵敏度电流档。当这个档位基本误差超出允许范围时，可调整与表头支路串联的调整电阻阻值，使之符合要求。基准档校准完毕，再按照由高至低的顺序校试。

在校试电路连接之前，应先进行一定的计算，确定直流稳压电源和电阻箱的预置位置。被校表与标准表的量限应预置一致。接入电路后，调整电阻箱的阻值，使流入电表的电流逐渐加大，直至其中一块表达到指定数值，由两块表上读取数据。

在基准档调整之后，如果某档基本误差超出允许范围，应重点检查该档的分流电阻阻值。

2）直流电压档的校试与调整

校试电路如图 4-4 所示，其直流稳压电源与被校表、标准表成并联关系。

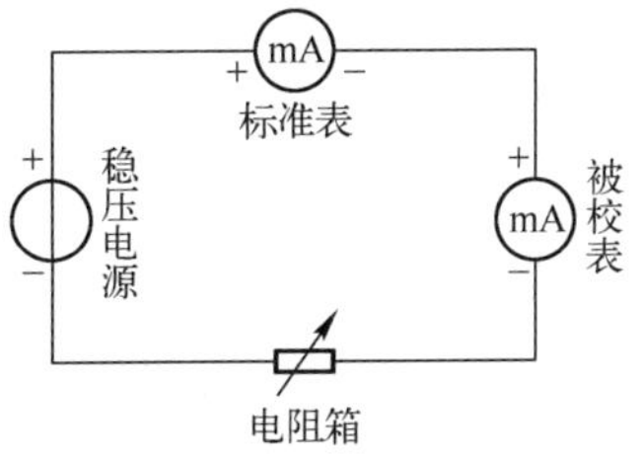

图 4-3　直流电流档校试电路

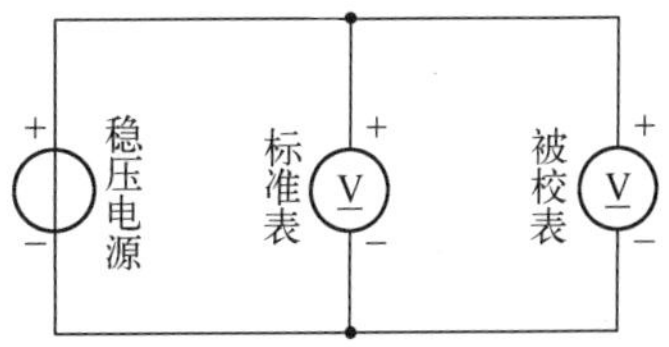

图 4-4　直流电压档校试电路

电压表的校试一般从最低档开始，依序逐档进行。校试前，将直流稳压电源的输出调整在所需电压量限上，其输出电位器放置在最小，使输出电压几乎为 0。然后将被校表和标准表的量限预置好，接入校试电路。调节直流稳压电源的输出微调电位器，逐渐加大其输出电压直至其中一块表先达到指定数值，由两块表上读取数据。

每校完一档，应注意将稳压电源的输出电压调回到 0，再换档加电。否则容易造成电表损坏。

直流电压档基本误差若超出允许范围，一般为分压电阻误差引起，应检查相应档位的倍压电阻阻值。

3）交流电压档的校试与调整

交流电压的校试电路如图4-5a所示，图4-5b为自耦调压器外形图。将交流市电加在自耦调压器初级，调压器的次级输出一电压值可调的交流电压，利用调压器的手柄，即可使电压在0~240 V的范围变化。

交流电压表的调试与直流电压档一样，一般从最低电压档开始，依序增大量限。校试前，应将自耦调压器的手柄逆时针旋转到底（即输出电压为0）。将两块表并接在调压器输出电压两端后，缓慢地加大电压，使电表上的指示逐渐指向指定电压值，然后读取两表数据。

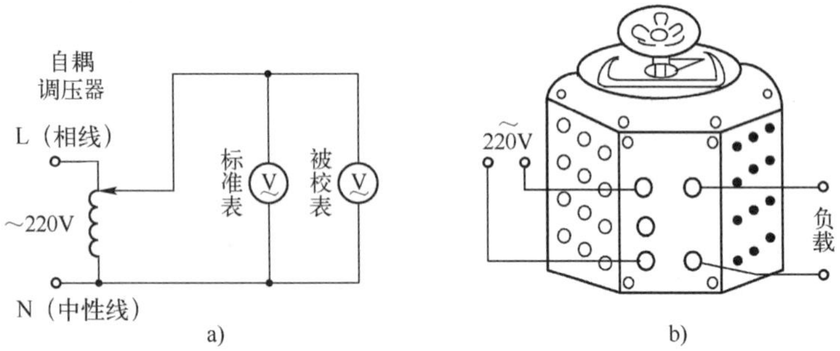

图4-5　交流电压档调试电路
a）交流电压档校试电路　b）自耦调压器

测量完毕应特别注意，必须将调压器的手柄顺时针退回至零，再换档调测，否则不但可能使电表损坏，更严重的可能导致触电事故的发生。

交流电压档基本误差超出允许范围，通常是整流二极管和分压电阻问题。

4）电阻档的校试与调整

校试电阻档电路如图4-6所示，即用被校表的电阻档直接去测量一只标准电阻箱的阻值。

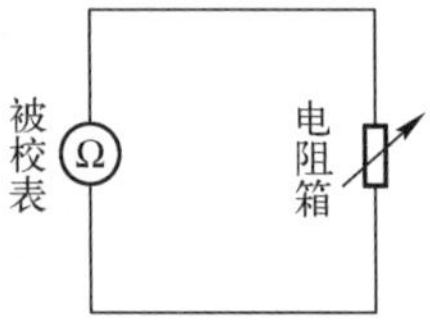

图4-6　电阻档调试电路

首先校试欧姆档的基准档，一般为R×1 k档，然后依次逐档校试。每档校试前应先将电阻箱数值预置在被校档的中值电阻的数值上，将被校表进行调零校准后进行测量。如果在最小电阻档，电表指针不能指在零欧姆处，则一般为电池电压不足的问题，需进行更换。每换一档进行校试时都需重新调零。

电阻档基本误差超过允许值时，如果问题出在基准档，应认真检查调零电位器和限流电阻的好坏；在基准档正常的情况下，哪个档的误差超过允许值就检查哪个档的分流电阻阻值。

4.1.3　实验内容

1. 检测表头

已知一表头灵敏度I_g理论值为80 μA，表头内阻R_g约为1 kΩ。现在表头支路中加一只调整电阻R_0，要求：

1）测量表头灵敏度的实际值。实际I_g =

2）测量并调整表头支路的内阻，使 $R_g + R_0 = 1.5\ \text{k}\Omega$。

2. 设计并检测直流电流表

根据自行设计的电路和计算的元件数值，制作具有 0.1 mA、10 mA、100 mA 三档的直流电流表，并检验其准确性，数据填入表 4-1 中。

3. 设计并检测直流电压表

根据自行设计的电路和计算的元件数据，制作具有 10 V 和 50 V 两档的直流电压表，并检验其准确性，数据填入表 4-2。

表 4-1 直流电流表数据

	设计元件数值		各量限检验数据		各量限校试数据		基本误差/%	
量限 /mA	分流电阻计算值	分流电阻实用阻值	参考电阻值	实测电阻值	标准表读数	被校表读数	允许误差	实测误差
0.1								
10								
100								

表 4-2 直流电压表数据

	设计元件数值		各量限检验数据		各量限校试数据		基本误差/%	
量限 /V	倍压电阻计算值	倍压电阻实用阻值	参考电阻值	实测电阻值	标准表读数	被校表读数	允许误差	实测误差
10								
50								

4. 设计并检测电阻表

根据自行设计的电路和计算的元件数据，制作具有 R×10、R×1 k 两档的电阻表，并检验其准确性，数据填入表 4-3。

表 4-3 电阻表数据

	设计元件数值		各量限检验数据		各量限校试数据		基本误差/%	
倍率	限流电阻计算值	限流电阻实用阻值	参考电阻值	实测电阻值	标准表读数	被校表读数	允许误差	实测误差
$R\times10$								
$R\times1\ \text{k}$								

将自制的电阻表电源电压从 1.5 V 分别调至 1.2 V 和 1.6 V，测量标准电阻箱的电阻值，数据记入表 4-4，观察并分析其测量结果。

表 4-4 电阻表测量数据

电源电压	$E=1.2\ \text{V}$			$E=1.6\ \text{V}$		
误差%	标准电阻	测量数据	误差%	标准电阻	测量数据	误差%
$R\times10$ 档						
$R\times1\ \text{k}$ 档						

4.1.4 实验要求与注意事项

1）本实验需按照设计、装配、检验、校试与调整的步骤进行，特别是在装配完成后，应在不加电的情况下进行初步的检验，待检验合格方能进行加电校试与调整。

2）校试过程必须按照实验原理中介绍的方法和操作规程进行，注意各种测量项目和量限的预置；注意缓慢加电，边加电边观察，如发现不正常的现象立即断电检查；注意每测完一档将电源输出电压退回至零，不得带电换档。

3）注意正确使用万用表。

4.1.5 实验设备

直流稳压电源	一台
标准直流毫安表	一块
标准电阻箱	二只
标准万用表	一只
实验板	一块

4.1.6 实验报告

1）列写设计计算过程，画出综合电路原理图。

2）列写检验、校试和误差计算数据表格。

3）试分析电阻表在电源电压过高和过低时产生的现象及原因。

4.2 电阻电路的设计

4.2.1 实验目的

- 设计电阻电路，加深对戴维南等效定理的理解。
- 利用 Multisim 软件验证设计的电路，使设计更加合理。

4.2.2 实验原理

（1）有源二端网络

任何一个线性网络，如果只研究其中一条支路的电压或电流，则可将电路的其余部分看做是一个有源二端网络。

（2）戴维南定理

任意一个线性有源二端网络，它对外电路的作用可以用一个电压源和电阻的串联组合来等效。该电压源的电压 U_{oc} 等于二端网络在端口处的开路电压；电阻 r_0 等于二端网络内所有独立源置于零的条件下，从端口处看进去的等效电阻。

（3）最大功率传输条件

为了能从给定的电源（U_{oc} 和 r_0 已知）获得最大功率，应使负载电阻 RL 等于电源内阻 r_0，此时，负载 RL 获得的最大功率为

$$P_{Lmax}=\frac{U_{oc}^2}{4r_0}。$$

4.2.3　实验内容

1）某发光元件的额定电流为 35 mA，如果超过该值，发光元件将因过热而导致损坏。发光元件的电阻是其电流的非线性函数，但是制造者可以保证其最小电阻为 47 Ω，最大电阻为 117 Ω。可用的驱动电源只有 9 V 电池。所设计的电路只允许使用国家标准规定的标准电阻。

2）试设计一个合适的电路，在不损坏发光元件的条件下，为它提供最大功率。

3）绘制出负载功率随负载电阻变化的曲线。

4.2.4　实验报告

1）列写设计和计算的过程，画出设计电路图。

2）列写实验步骤和数据表格。

3）说明用 Multisim 设计的过程及结果。

4.3　延时电路的设计

4.3.1　实验目的

- 设计延时电路，加深对一阶电路暂态响应的理解。
- 培养理论联系实际的能力和独立设计电路的能力。

4.3.2　实验原理

对于一阶 *RC* 电路，如图 3-82 所示，其零输入响应和零状态响应分别按指数规律衰减和增长，变化的快慢决定于电路的时间常数 $\tau=RC$。

零输入响应的表达式为

$$u(t)=U_s e^{-\frac{t}{\tau}}$$

零状态响应的表达式为

$$u(t)=U_s(1-e^{-\frac{t}{\tau}})$$

RC 电路常为报警器、电机控制等产生一个延时。报警单元中包含一个门限检测器，当报警单元的输入超过某一门限值时，报警器打开。

4.3.3　实验内容

有一防盗保险柜，当保险柜门被打开时，防盗传感器会产生一个 20 V 的直流电压。当报警单元的输入电压超过门限电压 $U_T=16$ V 时，报警器被激活。

1）试设计一个电路，当小偷打开保险柜门时，要求至少在 3 s 内打开报警系统。

2）试设计一个电路，当主人打开保险柜门时，要求至少有 30 s 的延时来关闭报警系统。

3）可以选用的元件包括 100 μF、10 μF 电容各一个；100 kΩ、20 kΩ 电阻各一个；15 kΩ 的电阻两个；10 kΩ 电阻 5 个。

4.3.4 实验报告

1）列写设计和计算的过程，画出设计电路图。

2）说明为什么不用 *RL* 电路构成延时电路。

3）查找相关资料，分析 *RC* 延时电路的优缺点，并说明还有哪些方法可以构成延时电路。

4.4 波形发生器电路的设计

4.4.1 实验目的

- 加深对积分、微分电路原理的理解。
- 初步了解大学生电子设计竞赛的试题，为参加竞赛做准备。

4.4.2 实验原理

1. 微分电路

微分电路是指实现输出近似为输入的微分关系的电路，它的特点是输出集中反映输入的突然变化部分，而不注重输入的恒定部分。从频率的观点看，它是一种高通电路，反映了输出对于输入信号突变部分的跟踪情况。如图 4-7a、b 所示。

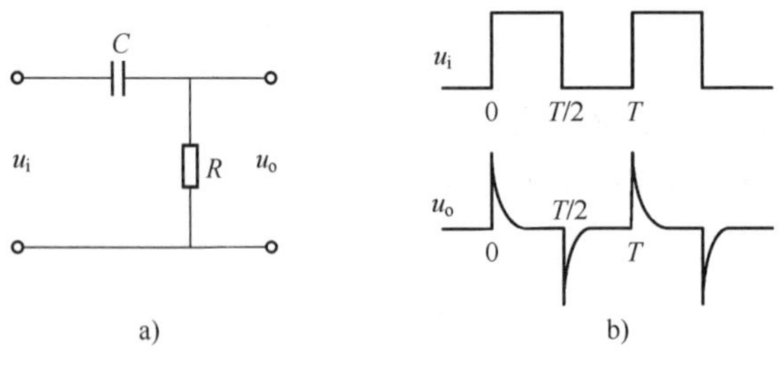

图 4-7 微分电路图

a）*RC* 微分电路 b）输入输出波形

2. 积分电路

积分电路是指实现输出近似为输入的积分关系的电路，它的特点是输出集中反映输入的恒定部分，而不注重输入的突然变化部分。从频率的观点看，它是一种低通电路，反映了输出对于输入的脉冲持续时间内的跟踪能力。如图 4-8a、b 所示。

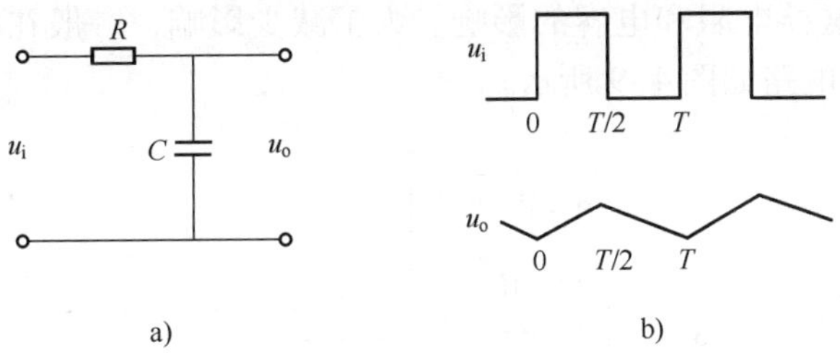

图 4-8　积分电路图
a）RC 积分电路　b）输入输出波形

4.4.3　实验内容

以方波为输入信号，其参数设定为：$T=1$ ms，幅度 $E=6$ V。元件在实验箱上选择。

1）试设计一个合适的电路，在满足 $\tau=RC$ 远小于 $T/2$ 的条件下，使输出幅度与输入幅度之比为 1∶2。

2）试设计一个合适的电路，在满足 $\tau=RC$ 远大于 $T/2$ 的条件下，使输出近似为一个三角波。

3）阅读第四届全国大学生电子设计竞赛中的试题，思考可能的方案：

设计制作一个波形发生器，使该波形发生器能产生正弦波、方波、三角波和由用户编辑的特定形状波形，输出波形的频率范围为 0.1 ~ 20 kHz，输出波形幅度范围 0 ~ 5 V（峰 - 峰值）。

4.4.4　实验报告

1）列写设计和计算的过程，画出设计电路图。

2）列写实验步骤和数据表格。

3）绘制输入输出波形，并查找相关资料，说明微分、积分电路的工程应用。

4.5　仪表测试电路的设计

4.5.1　实验目的

- 加深对交流仪表的了解。
- 加强理论联系实际能力的锻炼。

4.5.2　实验原理

信号发生器的输出电阻为 50 Ω，一般在仪表的输出端标明。当接上外电路的时候，如果外电路的阻抗能够和 50 Ω 比拟（10 倍以下），由于分压作用，外电路上获得的电压比实际输出小；当外电路的输入阻抗为 50 Ω 时，外电路上获得最大功率，此时阻抗匹配；当信号发生器空载时，输出的电压最大。

示波器的输入端总有输入电阻和输入电容或寄生电容。当信号通过测试电缆直接进入示波器时，信号会受到这类电阻和电容的影响。为了减少影响，一般在测试探头中增加一个 *RC* 补偿电路。其等效电路如图 4-9 所示。

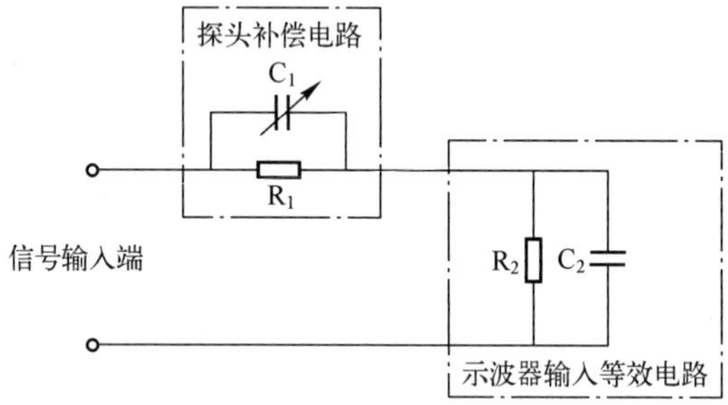

图 4-9 示波器探头补偿电路

4.5.3 实验内容

利用实验室中的设备和 Multisim 软件完成以下实验内容：

1）设计适当的电路，当信号发生器调到正弦波，幅度为 1 V，频率为 1 kHz 时，观察信号发生器内阻对外电路信号的影响（注意：外电路的电阻不能为 0 Ω，以防烧坏信号发生器）。

2）DF4320 型示波器的产品说明书中给出了输入电阻和输入电容：×1 时，$R_2=1\,\mathrm{M\Omega}$，$C_2=30\,\mathrm{pF}$；×10 时，$R_2=1\,\mathrm{M\Omega}$，$C_2=100\,\mathrm{pF}$。函数信号发生器调整为 $T=200\,\mu\mathrm{s}$，幅度 $E=6\,\mathrm{V}$ 的方波信号。在输入信号与示波器之间设计一个补偿分压电路，使示波器上观察到的波形无失真。

4.5.4 实验报告

1）列写设计和计算的过程，画出设计电路图。

2）列写实验步骤和数据表格。

3）说明满足何种条件时，示波器上观察到的波形无失真，并绘制出失真的波形。

参 考 文 献

[1] 管致中，沙玉钧，夏恭恪．电路、信号与系统[M]．北京：人民教育出版社，1979.

[2] 李瀚荪．电路分析基础[M]．2 版．北京：高等教育出版社，1984.

[3] 郑君里，应启珩，杨为理．信号与系统[M]．2 版．北京：高等教育出版社，2000.

[4] 孙崇洲．电路、信号与系统实验教程[M]．南京：东南大学出版社，1989.

[5] 王尧，等．电子线路实践[M]．南京：东南大学出版社，2000.

[6] 刘舒帆，牟华坤，陆辉，等．信号与系统实验及 MATLAB 辅助分析[M]．长春：吉林科学技术出版社，2005.

[7] 牟华坤，赵红，等．电路实验与仿真分析[M]．北京：科学技术文献出版社，2007.

[8] 张小虹．信号与系统[M]．西安：西安电子科技大学出版社，2008.

[9] 任姝婕，赵红，等．电路分析实验——仿真与实训[M]．北京：机械工业出版社，2010.

[10] 刘舒帆，赵红，陆辉，等．信号与系统操作、仿真与综合设计实验[M]．北京：机械工业出版社，2010.

[11] 许红梅，刘妍妍，等．电路分析实验教程[M]．北京：电子工业出版社，2014.

[12] 张彩荣，闫俊荣，崔霞．电路实验实训及仿真教程[M]．南京：东南大学出版社，2015.

[13] 马艳．电路基础试验教程[M]．北京：电子工业出版社，2012.